Collection

de

MACHINES, D'INSTRUMENS,

USTENSILES, CONSTRUCTIONS, APPAREILS, etc.

employés

dans l'Économie rurale, domestique et industrielle.

D'après les dessins faits

dans diverses parties de l'Europe,

PAR LE COMTE DE LASTEYRIE.

TOME PREMIER.

PARIS

à l'Etablissement Lithographique du Comte de Lasteyrie,

Rue du Bac, N.° 58.

1820.

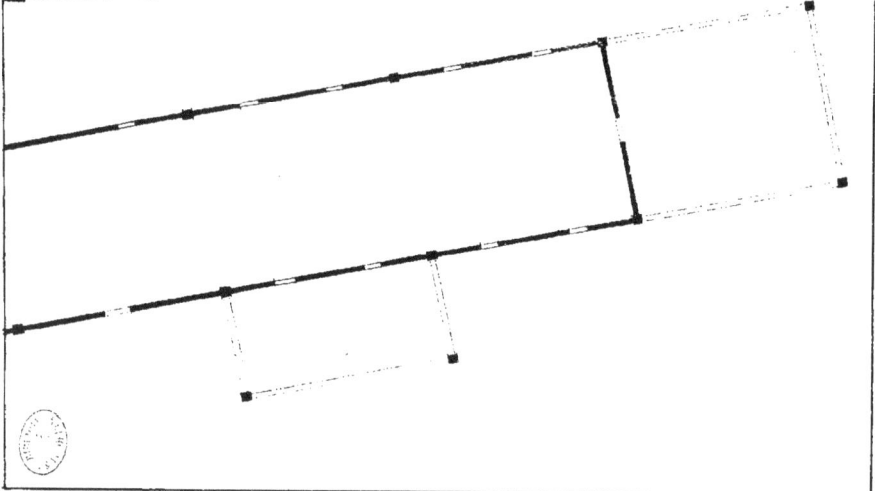

Lithog. de C. de Last.

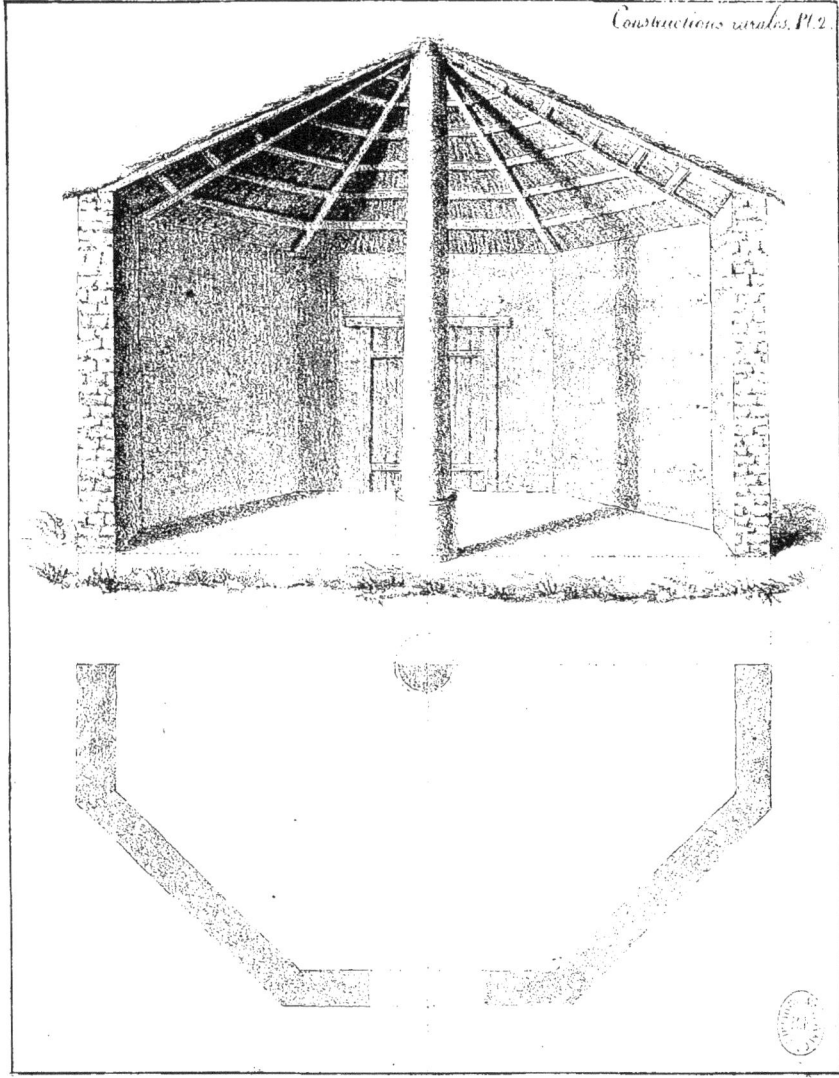

CONSTRUCTIONS RURALES.

PLANCHE PREMIÈRE.

Grange et étable du Milanais. Ce genre de construction est généralement en usage dans le Milanais, le Parmesan, etc. Il est très-bien calculé pour l'économie et la commodité. Il est propre à tous les pays, mais sur-tout à ceux où l'on a d'abondantes récoltes en paille et en fourrage. On entasse ces fourrages de manière qu'ils ne dépassent pas l'alignement des poteaux, et qu'ils se trouvent abrités au-dessous du toit. On élève dans quelques endroits une muraille en briques à jour, du côté où donne le vent pluvieux, afin d'empêcher que la partie extérieure du fourrage ne soit trop fréquemment mouillée. On supplée aussi à cette muraille par des espèces de palissades formées avec des barres attachées d'un poteau à l'autre, et tressées grossièrement avec des branchages d'arbres.

Le toit de ces granges est soutenu, ainsi qu'on le voit dans la figure, par des poteaux de 8 mètres d'élévation, placés à la distance de 4 mètres. La largeur de la grange est de 7 m. La longueur varie selon la quantité de fourrage que l'on se propose de mettre à couvert. Les écuries ont aussi plus ou moins de longueur, selon la quantité de bestiaux qu'elles doivent recevoir. La hauteur, qui n'est que de deux mètres dans le Milanais, devrait être portée à $2\frac{1}{2}$ ou à trois, afin que les bestiaux jouissent d'une plus grande masse d'air. Elles sont percées de fenêtres des deux côtés. On place la porte de l'écurie, tantôt sur le côté de l'avant-toit, tantôt au-dessous. On forme ordinairement une muraille légère ou une simple palissade sur les deux côtés de cet avant-toit, afin d'avoir un lieu pour abriter les harnais ou les instruments aratoires. Le fourrage se place sur l'écurie et dans toute l'étendue de la grange jusqu'au sommet du toit.

PLANCHE II.

Grange octogone dont la toiture est soutenue par un pilier central. Ce bâtiment est imité d'une ancienne église d'Aquilée, qui a 11 mètres de diamètre. Il est très-propre à être employé dans la construction des granges à cause de sa forme, qui donne une plus grande capacité avec une moindre quantité de bâtisse, et qui ne demande qu'un toit léger et peu dispendieux. Il serait à-propos d'établir des tirants en bois qui lieraient la partie inférieure de la toiture avec le poteau central, dans le cas où l'on voudrait construire une grange d'un grand diamètre, et éviter une trop grande épaisseur dans les murs. Une couverture en paille a l'avantage d'être plus légère et moins coûteuse. Cette grange pourrait remplacer avec avantage les meules, dont la construction, qui se répète chaque année, est assez dispendieuse. On a représenté la coupe du bâtiment et la moitié de son plan.

DE L'IMPRIMERIE DE FIRMIN DIDOT, RUE JACOB, N° 24.

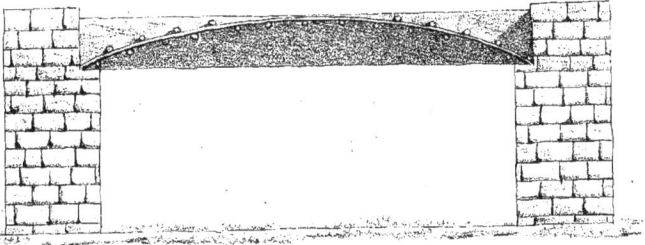

1

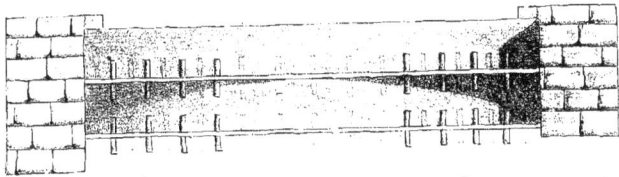

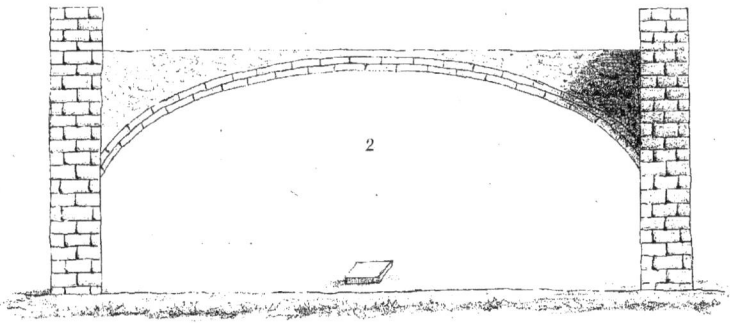

2

CONSTRUCTIONS RURALES.

PLANCHE III.

Fig. 1. *Voûte en planches.* Cette figure représente la coupe et le plan d'une voûte qui mérite l'attention par la simplicité, la solidité et l'économie de sa construction. On peut en faire usage dans un grand nombre de circonstances, soit pour les habitations rurales, soit dans les logements destinés aux bestiaux et aux fourrages. On peut employer des planches de différentes dimensions, selon l'étendue qu'on veut donner à la voûte.

Après avoir élevé les murs, et avoir pratiqué dans la partie supérieure un retrait sur lequel s'appuie la voûte, et sur lequel on pose alternativement une planche de champ, et une autre à plat, on parvient à former promptement un plancher solide, sans avoir besoin de poutres ni de solives. Pour construire cette voûte on donne à toutes les planches qui doivent être posées de champ une égale dimension en largeur, et on les coupe à la longueur de la distance comprise entre les deux retraits des murailles. On trace une courbe qui prend naissance aux deux extrémités inférieures de la planche, et qui va aboutir à une distance de 1 ou 2 c. m. du milieu supérieur de cette même planche. On perce au-dessous de cette courbe et dans toute sa longueur des trous qu'on garnit de chevilles, qui servent à soutenir la planche qui doit former le cintre. C'est afin de la tenir dans cette position qu'on pratique, aux deux extrémités de la première planche, quelques trous dans lesquels on fait passer des chevilles. Après avoir ainsi disposé les planches, et avoir donné à celles qui doivent être arquées la longueur du cintre, on les établit les unes après les autres, on les rapproche, et on les fixe par le moyen des chevilles. On peut former sur ces voûtes un plancher, soit avec des planches, soit avec des lattes, sur lesquelles on applique un ciment.

Fig. 2. *Voûte plate en brique.* Ce genre de construction, en usage dans la Catalogne, et même dans quelques parties du département des Pyrénées-Orientales, est très-économique et très-expéditif. On forme des cintres à l'ordinaire lorsqu'on veut établir ces voûtes. On pose à plat un rang de briques qu'on lie à mesure avec du plâtre. Après avoir jeté du plâtre sur ce premier rang, on le recouvre d'une autre assise de brique, que l'on place sur les interstices des premières. On obtient ainsi, avec deux assises de briques posées à plat, des voûtes beaucoup plus solides qu'elles sembleraient ne devoir l'être. On jette des plâtras ou de la terre sur les côtés, et l'on forme un plancher en plâtre ou en ciment.

La voûte dont on donne ici le dessin avait une ouverture de 5 mètres, et 1 mètre de hauteur; c'est-à-dire que la distance du sommet de la voûte, prise sur une corde tirée aux deux points de sa naissance, se trouvait être de 1 m. Les briques qui servaient à sa construction avaient 29 c. m. de long sur 14 de large, et 2 c. m. ¼ d'épaisseur.

PLANCHE IV.

Fig. 1. *Fumoir*, L'usage des fumoirs, presque inconnu en France, est pratiqué dans la plus grande partie des ménages, chez les peuples du nord. C'est un moyen facile de conserver les viandes, qui offre de grands avantages dans l'économie domestique des campagnes. On peut ainsi préparer les viandes et les poissons, qu'on achette, à une époque où ils ont peu de valeur, pour les consommer dans la saison où le prix s'en trouve plus élevé. On peut aussi tuer pour l'usage d'une ferme des animaux qu'il faut acheter à grands frais chez le boucher.

Pour se procurer un bon fumoir, il s'agit d'avoir au premier étage une petite chambre dans laquelle on conduit la fumée d'une cheminée placée dans une pièce au-dessous. On pratique dans le tuyau de la cheminée une ouverture, au-dessus de laquelle on établit une soupape à coulisse A, de manière à intercepter la fumée, et à la conduire dans le fumoir. Une cheminée de cuisine peut-être employée à cet usage. Il suffira d'y entretenir un peu de feu, lorsqu'on aura une provision de viandes à préparer. Ces viandes se suspendent au plafond de la pièce; ainsi qu'on le voit représenté dans la figure.

Fig. 2. *Régulateur pour construire un four d'une seule pièce.* On est souvent embarrassé dans les campagnes, lorsqu'on veut faire des fours, par le manque de brique, ou la distance des lieux où on la fabrique. Il est facile d'en construire d'une manière fort économique, avec une terre argileuse, mélangée avec de la paille ou du foin hachés. J'ai construit un four de ce genre avec un instrument que je nomme *régulateur*. Il se compose d'une tige D, percée de trous dans sa partie supérieure, sur laquelle tourne un quart de cercle E. Après avoir bâti une voûte en pierre, on établit sur sa surface, à l'épaisseur de 2 d. m., une couche A de terre glaise, pétrie avec de la paille hachée: on fixe au centre la tige du régulateur D. Lorsque cette couche est un peu sèche, après avoir été bien battue, on la

recouvre d'un monceau de terre ordinaire B, que l'on bat sur toute sa surface, et auquel on donne, par le moyen du régulateur, la forme que doit avoir le four. On le fait tourner à cet effet sur sa tige, et l'on ajoute de la terre où l'on frappe avec une batte, jusqu'à ce que cette terre, qui doit former la cavité du four, ait pris une forme régulière : on relève ensuite le quart de cercle du régulateur à la hauteur de 2 d. m., et on le fixe dans cette situation par le moyen d'une cheville qui passe dans la tige. On recouvre toute cette surface avec de l'argile mélangée avec de la paille qu'on bat fortement, et on en régularise l'épaisseur en faisant tourner circulairement le quart de cercle. Il faut employer la pâte d'argile, la plus sèche possible, et la battre fortement. On forme l'ouverture qui doit servir d'entrée au four; on retire le régulateur, et l'on vide le four de la terre B, qui avait servi de support pour la construction de sa voûte. On laisse sécher le four, ce qu'on peut hâter en y mettant un peu de braise; et lorsqu'il est bien sec, on le fait chauffer à l'ordinaire. On peut établir au-dessus de ce four des tablettes pour faire sécher des fruits ou autres objets.

Fig. 3. *Four de terre.* Les habitants du royaume de Valence font généralement usage de cette espèce de four. Ils forment en pisé un mur, ainsi qu'on le voit dans le plan A C, qu'ils élèvent à la hauteur de 1 mètre. Ils remplissent l'intervalle A avec du sable bien battu, qu'ils recouvrent en briques. Ils font ensuite la voûte avec un mortier de terre mélangée avec de la paille coupée à la longueur de quelques centimètres. Ils laissent sécher cette couche de mortier, et ils en ajoutent une seconde, puis une troisième, quatrième et cinquième. Ils recouvrent le tout d'une couche de mortier à chaux et à sable. Ces fours, situés en plein air, résistent bien aux intempéries de l'atmosphère, et sont très-économiques. B A indique la coupe du four.

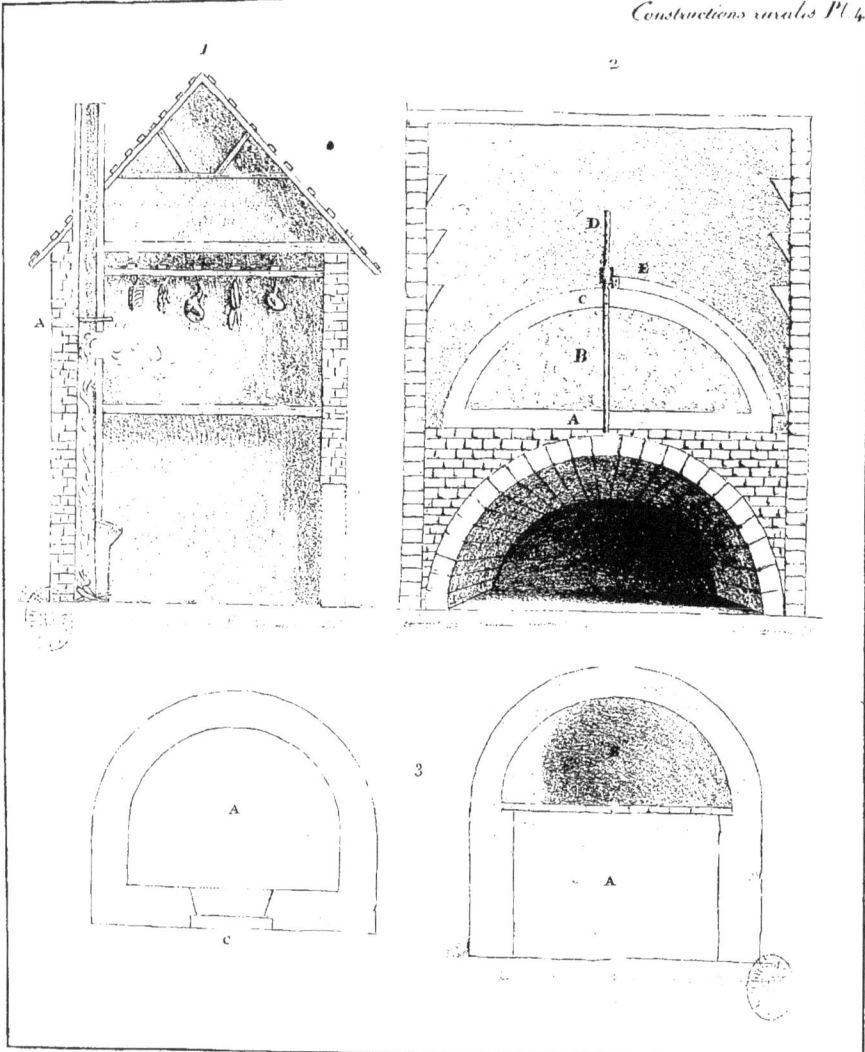

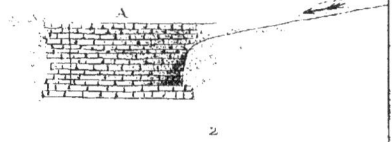

1

2

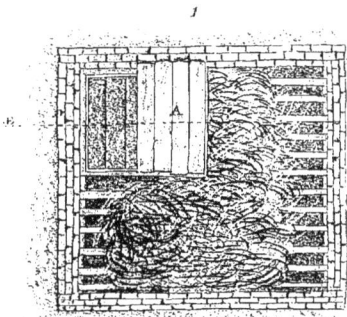

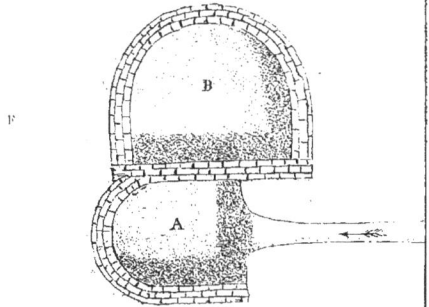

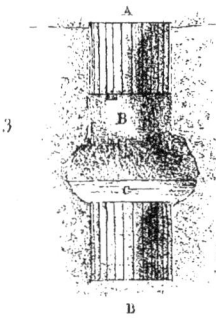

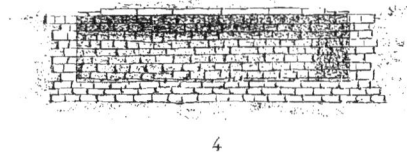

3

4

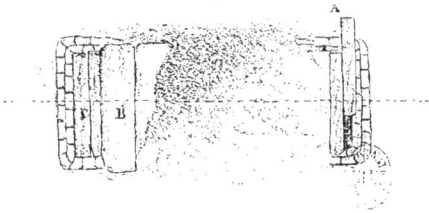

PLANCHE V.

Fig. 1. *Citerne pour les fumiers liquides avec un plancher.* Ces citernes sont en usage dans plusieurs cantons de Suisse, principalement dans celui de Zurich. On a représenté la coupe et le plan de ces citernes. On leur donne ordinairement 12 à 15 d. m. de profondeur, une longueur de 34 sur une largeur de 26. On y établit un plancher en solive, élevé de 7 à 8 d. m. au-dessus du fond. On pratique sur ce plancher, dans un des angles, une caisse en planche A, ayant 15 d. m. sur 11, dans laquelle on laisse fermenter pendant quelques jours le fumier avec de l'eau, ayant soin de couvrir la caisse avec des planches, ainsi qu'il est représenté à la lettre A. On le retire pour le mettre égoutter sur le plancher, comme on le voit sur le plan. Lorsque les fumiers ont été ainsi dépouillés par l'eau de la partie la plus active, on les met dans des fosses, où une nouvelle fermentation leur redonne leur première vertu. C'est en faisant fermenter les urines, le suc des fumiers et l'eau, que les cultivateurs industrieux de quelques parties de la Suisse sont parvenus à sextupler leurs engrais, sans augmenter le nombre de leurs bestiaux. Ainsi ils apportent autant d'art et de soin dans cette opération, que le brasseur en met à la confection de sa bierre. Ils savent le temps et le degré de fermentation qui peuvent donner à une masse d'eau et d'urine une qualité fertilisante égale à celle de l'urine elle-même. On pourrait obtenir une quantité prodigieuse d'engrais en faisant fermenter avec l'eau des matières animales et végétales. Cet art, bien entendu, et généralisé dans un pays, en quintuplerait les produits. Il serait bien à désirer que le gouvernement français fît faire des expériences à ce sujet par des hommes habiles: mais il faudrait pour cela, et pour tant d'autres choses, une ferme expérimentale.

Fig. 2. *Fosse pour recevoir des terres schisteuses.* L'observation a appris depuis long-temps aux habitants de la vallée de Chamouni un fait dont la physique ne s'est emparée que dans le dernier siècle. Les payans du Col-de-Balme pratiquent en terre des fosses construites en pierres sèches, dont nous donnons ici le plan et la coupe. Elles sont destinées à recevoir les terres schisteuses, noirâtres, que les eaux entraînent du haut des montagnes. Le réservoir A a 2 mètres en tout sens sur 1 et demi de profondeur. C'est là où se rendent les eaux qui entraînent les terres schisteuses. Le canal qui leur sert de conduite est désigné par une flèche. Lorsque la fosse A est remplie, on rejette la terre dans la fosse B, large de 3 à 4 mètres, où on l'entasse pour en faire usage au besoin. Un mois avant l'époque où arrive naturellement la fonte des neiges, les paysans retirent la terre des fosses, et la répandent sur la neige : cette terre noire, étant frappée des rayons du soleil, s'échauffe, et donne en même temps passage aux rayons, qui la fondent trois semaines avant l'époque ordinaire ; de sorte que les plantes qui étaient au-dessous reçoivent les influences de l'atmosphère, et croissent plus promptement, et ont le temps de parvenir à une maturité parfaite.

Fig. 3. *Puits construit avec des tonneaux.* Les jardiniers des environs de Tours, ayant à faire des puits dans un terrain peu profond, mais composé de gravier mobile, creusent un trou au fond duquel ils mettent un tonneau D; puis ils assujettissent dans le même creux, au niveau de terre, un autre tonneau A, qu'ils soutiennent par deux traverses ; ainsi qu'on le voit dans la coupe que nous donnons de ce genre de construction. B C indiquent la partie du puits où les terres ne sont pas soutenues. C'est pourquoi une portion de celles-ci, en s'écroulant, forme une cavité circulaire ; mais bientôt les terres se soutiennent par elles-mêmes. On retire du tonneau inférieur celles qui se sont éboulées, et l'on puise facilement l'eau, qui se trouve environ à la profondeur de 2 à 3 mètres.

Fig. 4. *Citerne pour les urines.* On fait en

Suisse, en Toscane, en Flandre, en Espagne, et dans quelques autres pays, des citernes pour contenir les urines, les égouts des étables et des fumiers. Celle que nous présentons ici a été dessinée dans le canton de Lucerne : nous en donnons la coupe et le plan. Elle était construite en maçonnerie revêtue d'un mastic. Elle avait 16 d. m. ½ de large, 6 m. de long, et 12 d. m. de profondeur. Elle était couverte en grandes dalles de grès B, sur lesquelles on avait jeté de la terre, excepté aux deux extrémités, où on laisse une ouverture large de 3 d. m. ; pour mettre ou retirer les urines. On les couvre avec des planches A C. On voûte ces citernes en Toscane, et l'on pratique au sommet de la voûte un trou qu'on ferme avec une pierre.

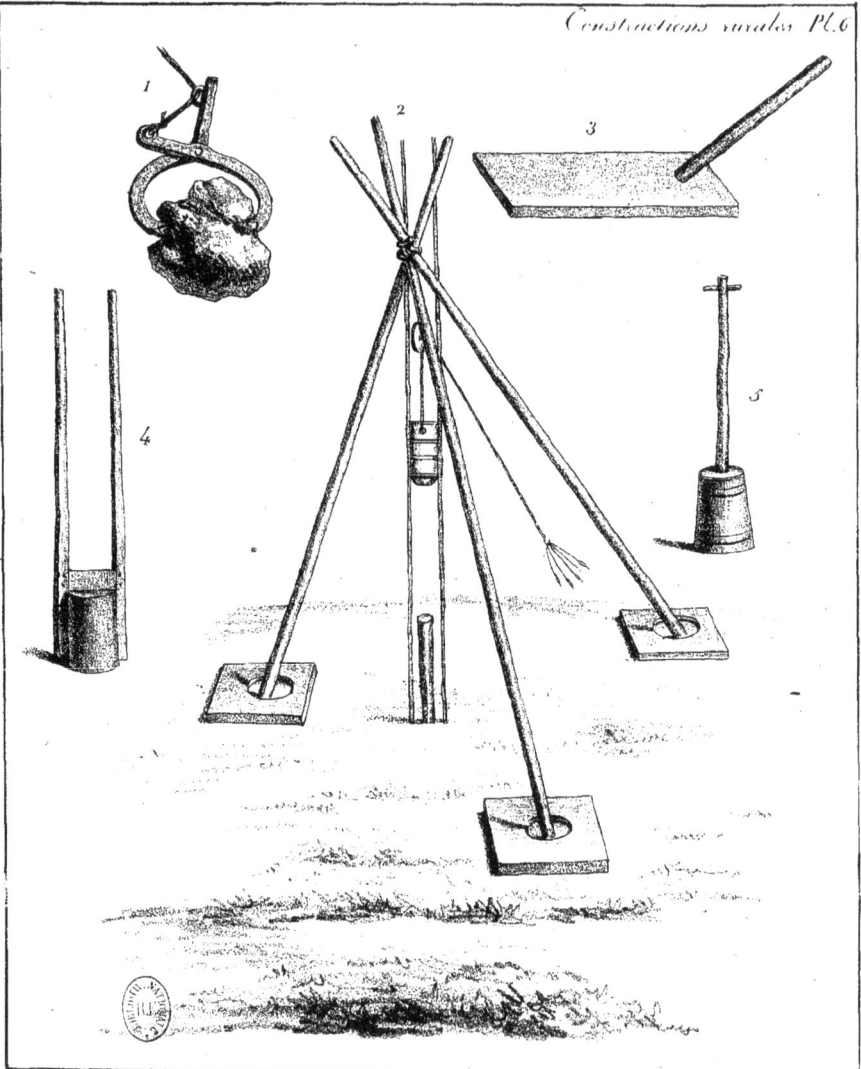

CONSTRUCTIONS RURALES.

PLANCHE VI.

Fig. 1. *Pinces pour enlever les pierres.* Ces pinces, en forme de tenailles, portent deux petites dents à leur extrémité, afin de faciliter la prise des pierres. Il suffit, lorsqu'on veut les enlever, de tirer la corde, qui, étant fixée à l'une des branches de la pince, passe dans un anneau qui se trouve à l'autre branche. On en fait usage en Hollande pour enlever les gros blocs de pierre qui servent à la construction des digues. Les Romains employaient ce même instrument pour les pierres de taille avec lesquelles ils bâtissaient les édifices. On retrouve dans la plupart de ces pierres deux petits trous creusés dans deux côtés opposés. Je ne vois pas par quelle raison nos architectes ne font pas usage de ces pinces. On leur donne une force et une dimension proportionnée à la grosseur et au poids des pierres.

Fig. 3. *Mouton soutenu par trois perches.* Il arrive souvent qu'on a besoin d'enfoncer des pilotis dans les lieux marécageux, au bord des rivières, ou dans les terrains mobiles, genre de travail qu'on ne peut exécuter à cause de la dépense qu'entraîne la construction d'un mouton ordinaire. On peut y suppléer aisément, en employant la méthode facile et peu dispendieuse que nous indiquons. Elle consiste à ficher en terre, dans une position inclinée, trois fortes perches qu'on lie avec une corde dans le point de leur intersection. Il est plus facile et plus prompt de placer l'extrémité de ces perches dans trois pierres creusées et enfoncées en terre. Elles se trouvent retenues par ce moyen, sans pouvoir glisser. Lorsque le terrain est marécageux, on assujettit leur extrémité inférieure dans un trou pratiqué au sommet de trois billots de bois qu'on enfonce dans le sol. On plante en terre et l'on attache au sommet des trois perches deux pièces de bois à rainures, dans lesquelles coulent deux saillies de bois fixées sur les deux côtés du mouton; c'est ainsi qu'après avoir attaché une poulie au sommet de cet appareil, on fait mouvoir par le moyen d'une corde le mouton, qui, en s'élevant et tombant successivement, enfonce en terre les pieux sur lesquels on le dirige. Cette machine peut se placer facilement sur un terrain incliné; on lui donne des dimensions plus ou moins grandes, selon qu'on a besoin d'une plus grande puissance. Elle est en usage en Italie.

Fig. 3. *Batte oblongue.* Elle est composée d'une planche épaisse et oblongue, sur laquelle on adapte un manche formant un angle de 45 degrés. On la met en jeu, dans quelques parties de l'Italie, pour consolider les aires à battre le blé, pour les pavés, les terrasses, ou le sol des habitations fait en petits cailloux ou en ciment.

Fig. 4. *Demoiselle à deux manches.* Les paveurs du nord de l'Italie s'en servent pour enfoncer les pavés. Elle est composée d'un billot de bois carré de 1 à 2 d. m., sur les deux côtés duquel on cloue deux manches longs de 1 mètre, larges à leur extrémité inférieure, et arrondis à la partie supérieure. On consolide quelquefois ce billot par une traverse supérieure; mais cette précaution est inutile.

PLANCHE VII.

Fig. 1. *Manière de puiser l'eau dans un puits sans descendre d'un étage élevé.* Cette manière de procéder, usitée à Rome, à Nice, etc., est extrêmement commode, et dispense de descendre d'un étage élevé, pour puiser l'eau d'un puits situé à quelque distance de l'habitation. Pour parvenir à ce but, on attache, au-dessus de la croisée par laquelle on veut puiser l'eau, un gros fil de fer A, par un de ses bouts; et de l'autre extrémité, on le fixe à une muraille contre laquelle le puits serait situé. Dans le cas où il se trouverait trop distant d'une muraille, on établit, tout contre, un poteau auquel on attache le fil d'archal, à la hauteur de 6 ou 7 pieds. On a eu soin auparavant de faire passer le fil de fer dans le porte-poulie B. On y fait également passer la corde à laquelle est attaché le seau. Celle-ci va aboutir à une autre poulie fixée au-dessus de la croisée; de manière que le seau monte à la croisée avec le porte-poulie, lorsqu'on tire la corde, ou qu'il descend jusqu'au fond du puits lorsqu'on la lâche.

Fig. 2. *Construction en pisé.* Les appareils qu'on emploie généralement pour construire en pisé diffèrent de ceux que nous présentons ici. Nous avons cru qu'il serait d'autant plus intéressant de décrire ces derniers, qu'ils ne sont pas connus, et qu'ils sont plus simples et moins dispendieux que les autres. Nous les avons vus employés dans le département de l'Isère. On plante en terre trois longues perches sur la même ligne, et puis trois autres vis-à-vis des premières, à une distance égale à celle qu'on veut donner à la muraille en pisé. On attache ces perches par le sommet pour empêcher leur écartement. Pour commencer à former le mur, on pose sur le sol, contre les perches et dans la partie intérieure, deux tables en planches, pareilles à celles qu'on a représentées. On jette dans l'espace qu'elles laissent entre elles, de la terre que l'on bat à la manière ordinaire. Lorsqu'on a porté le mur à la hauteur et à la lar-

geur des tables, on élève celles-ci au-dessus de ce mur, on les remplit de terre, etc., et ainsi successivement. Mais afin qu'elles ne puissent tomber par terre, on les soutient avec deux perches dont la pointe s'appuie sur les crans des deux traverses attachées contre la table dans une position inclinée.

Fig. 3. *Vase oblong pour porter le mortier.* Il est formé avec une pièce de bois ronde et creusée longitudinalement, excepté à l'une de ses extrémités, où l'on fixe une poignée afin de la manier plus facilement. Cet ustensile, nommé *giornello* dans l'Italie où il est en usage pour porter le mortier, a une longueur de 8 d. m. sur 2 de large intérieurement. On le pose facilement sur une épaule lorsqu'on veut le porter.

Fig. 4. *Brancard à porter le mortier.* On en fait usage à Florence, où on le désigne sous le nom de *zagorra*. Les deux bâtons qui soutiennent le plancher du brancard ont 17 d. m. de long. Celui-ci en a 7 en carré. Il est surmonté de deux traverses formant rebord, entre lesquelles on jette le mortier. Elles sont distantes de 7 d. m. d'un côté du plancher, et de 3 de l'autre. On fait couler le mortier par ce dernier endroit, en levant le brancard du côté opposé; c'est une bonne manière de le transporter, lorsqu'il ne s'agit pas de monter à une échelle.

Fig. 5. *Potence à échafaudage.* Cet instrument mérite d'être employé dans les constructions, et surtout dans les réparations faites à l'extérieur des édifices. Il évite les échafaudages ordinaires, toujours difficiles à élever et très-dispendieux. Il est étonnant que nos architectes négligent un moyen si facile. Serait-il trop simple pour eux? On en fait usage dans le département de Loir-et-Cher, et dans un petit nombre d'autres endroits. Il se compose d'une potence sur le montant de laquelle on applique deux planches qui portent sur les murailles. Pour la suspendre on l'attache au sommet de

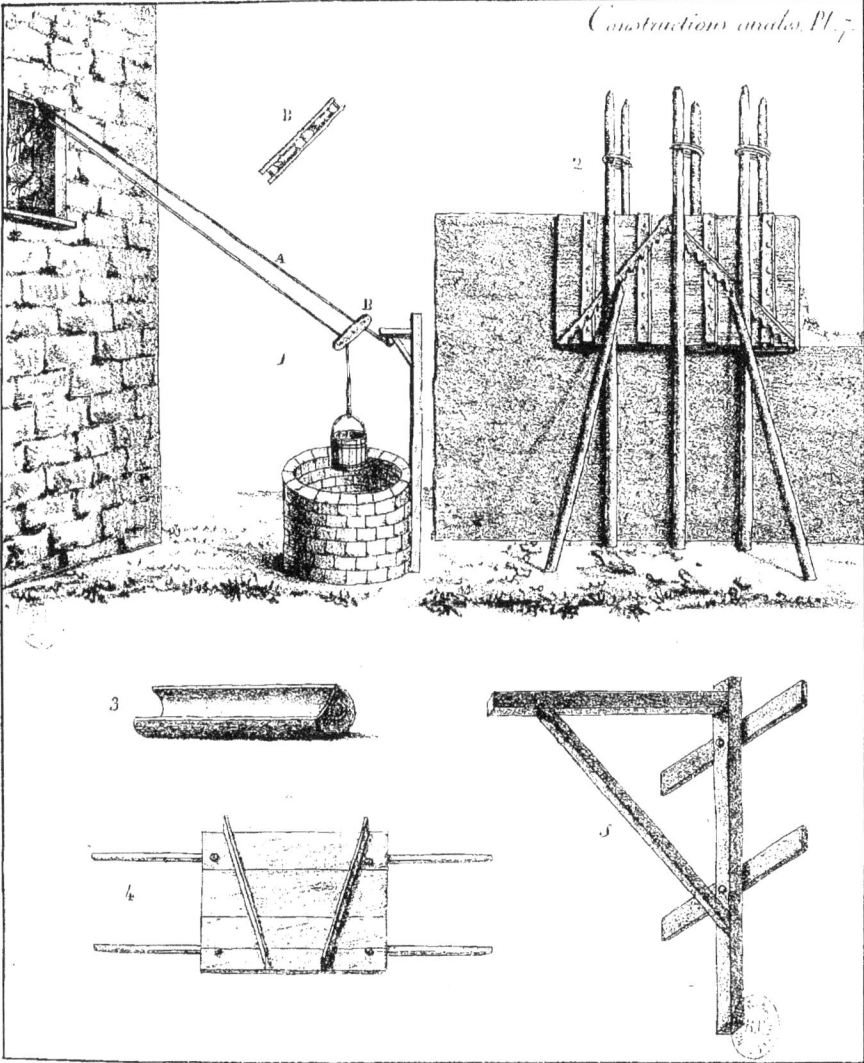

Constructions rurales. Pl. 7.

Lithog. de C. de Last.

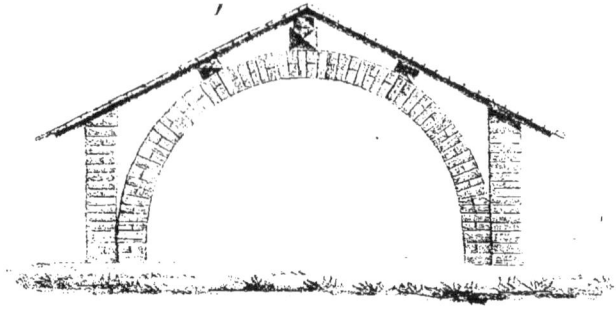

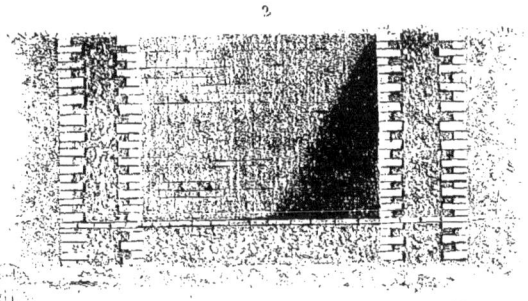

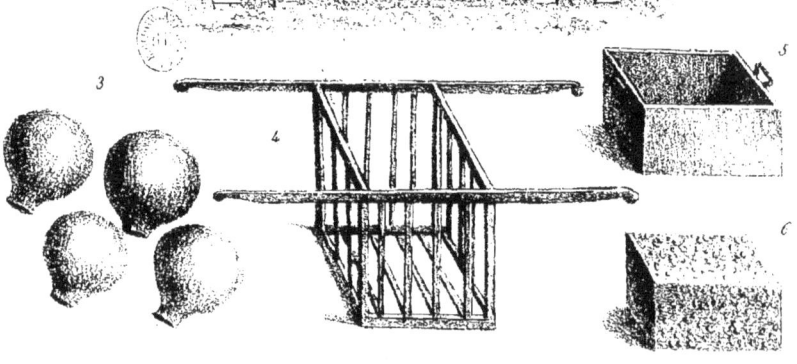

(3)

son angle avec une corde, que l'on fixe dans le grenier ou dans une pièce de la maison. Après avoir placé, à hauteur égale, deux, trois, quatre ou un plus grand nombre de ces potences, selon le besoin; on y forme un plancher, sur lequel les ouvriers s'établissent pour faire leur ouvrage.

PLANCHE VII.

Fig. 1. *Arches pour soutenir les toitures.* Ce genre de construction apporte une grande économie lorsqu'il s'agit d'élever de vastes bâtimens, comme des granges, des écuries, des celliers, etc. En faisant les quatre murs de la pièce que l'on veut construire, et en leur donnant la hauteur désirée, on élève de distance en distance des arches en brique sur lesquelles on pose trois soliveaux qui supportent, avec les deux murs latéraux, toute la toiture. On rapproche ou on éloigne ces arches les unes des autres, de 5 à 7 mètres, selon la longueur des pièces de bois dont on fait usage. On établit sur le sommet de la voûte un billot sur lequel repose une solive qui supporte le faîte du toit. On pose ensuite, d'une voûte à l'autre, deux autres solives qui se trouvent à égale distance entre cette première solive et les murs. Ce genre de construction présente de grands avantages; il économise les bois très-dispendieux, mais nécessaires dans les charpes qui offrent une grande portée. Il dispense de donner une aussi grande épaisseur aux murs qui, sans ce moyen, auraient un poids considérable de charpente à supporter. Il donne la facilité d'élever des murs de cloison dans les étages supérieurs, sans être obligé d'en établir au rez-de-chaussée. Il est étonnant que nos architectes, qui traversent chaque jour l'Italie, n'aient pas répandu en France ce genre de construction, qui peut trouver tant d'applications heureuses.

Fig. 2. *Citerne pour conserver l'eau.* Nous donnons ici la coupe d'une citerne, afin de faire voir la manière dont on les construit dans quelques endroits de l'Italie. On fait sur le sol un massif en béton qu'on recouvre en brique; et on élève sur les quatre côtés une double muraille en brique qu'on remplit à mesure en béton, c'est-à-dire avec un mortier de chaux maigre, de sable et de cailloux. Il faut employer ce mortier très-sec, et le battre fortement.

Fig. 3. *Vases en terre pour faire des voûtes.* Ceux dont on donne la représentation ont été dessinés au cirque de Caracalla, à Rome. Ils sont posés les uns au-dessous des autres, ainsi qu'on le voit dans le dessin. Les interstices sont remplis en mortier. Ils ont 66 c. m. de long, sur 41 dans leur plus grand diamètre. Ce genre de construction, en allégeant les voûtes, permet de donner moins de largeur aux murs latéraux. Il pourrait trouver des applications utiles dans nos fabriques rurales.

Fig. 4. *Panier à brancard pour mouiller les briques.* Il est usité à Rome pour mouiller les briques avant de les employer à la construction des édifices. On les met dans le panier qu'on plonge un instant dans un grand baquet d'eau. Cette méthode devrait être usitée toutes les fois qu'on bâtit en briques. Lorsqu'on les fait entrer dans la bâtisse sans les mouiller, elles happent l'humidité du mortier, et il se forme nécessairement un retrait qui empêche celui-ci d'adhérer aux briques. On doit aussi mouiller les pierres calcaires qui ne présentent pas une grande dureté.

Les manches du brancard ont 19 d. m. de long. La caisse du panier a 5 d. m. en tout sens.

Fig. 5 et 6. *Caisson pour former des pierres factices.* On est dans l'usage en Toscane de faire des pierres de taille factices avec lesquelles on bâtit des maisons, mais surtout les digues qu'on veut établir le long de l'Arno pour arrêter les dégâts occasionés par les eaux de ce fleuve. On dépose pour cela sur le rivage de la chaux vive, au milieu de laquelle on jette la quantité nécessaire de sable, et de cailloux de toutes dimensions jusqu'à la grosseur du poing. On verse de l'eau, et on corroie le tout avec soin.

Lorsque le mortier est préparé, on en remplit le caisson, qui est sans fond et qui est un peu évasé par le bas. On le comprime par le battage, et on retire ensuite le caisson, en le soulevant par les deux poignées. On forme ainsi une suite de pierres les unes à côté des autres, et on recouvre le tout de quelques pouces de sable ou de terre, afin d'empêcher une trop prompte dessiccation. Après avoir laissé ces pierres ainsi pendant six mois, on en fait usage pour les constructions. Cette méthode peut avoir de grands avantages, surtout dans les pays où l'on manque de pierres de taille. Il faut employer la chaux sèche, au lieu de chaux grasse.

Fig. 6. *Pierre factice*. Elle est représentée telle qu'elle sort du moule ou caisson.

1

2

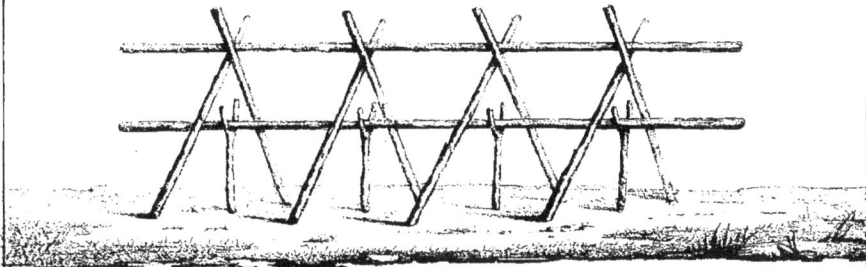

3

Lithog. de C. de Last.

1

2

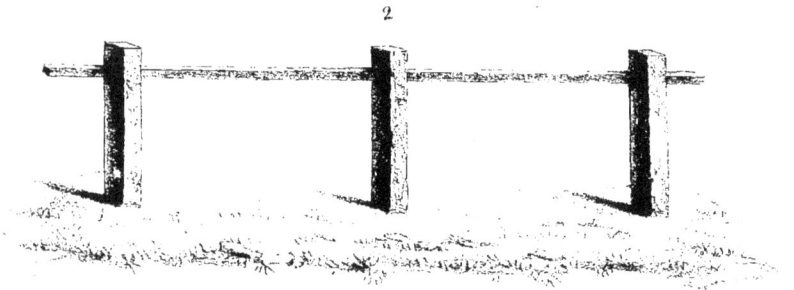

3

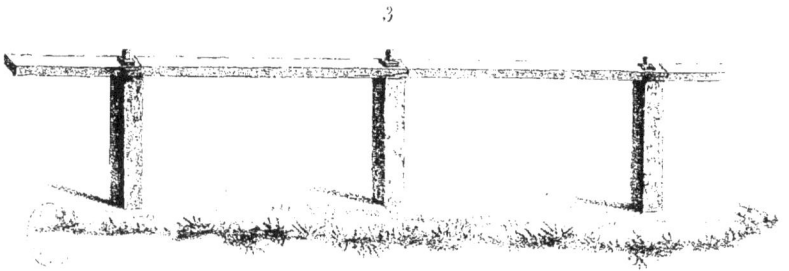

Lithog. de C. de Last.

1

2

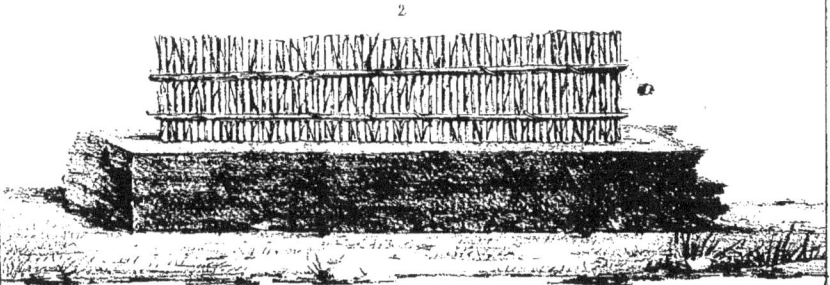

3

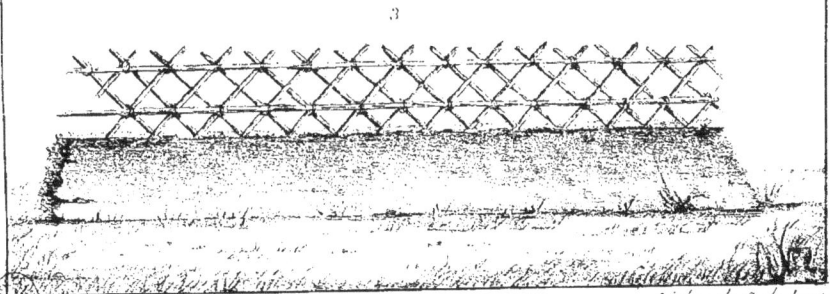

Lithog de C. de Last

HAIES ET CLÔTURES.

PLANCHE PREMIÈRE.

Fig. 1. *Clôture à pieux croisés et inclinés.* Elle est très-solide, par la raison que les pieux qui la composent, fichés en terre, s'appuient fortement les uns contre les autres. Elle est en usage dans plusieurs cantons de la Suisse.

Fig. 2. *Clôture à pieux croisés et à fourchette.* Elle est formée par des pieux qui se croisent, et qui soutiennent de longues barres de bois; la partie inférieure est garnie par des piquets fourchus qui supportent pareillement des barres,

et offrent une barrière que les bestiaux ne peuvent pénétrer.

Fig. 3. *Clôture à pieux croisés et à simple traverse.* Elle est avantageuse, en ce qu'elle exige une petite quantité de bois, et qu'elle est d'une facile et prompte construction. Elle est très-commune en Suisse, et peut servir à diviser les portions de terrain qu'on livre au pacage des vaches et des bœufs.

PLANCHE II.

Fig. 1. *Clôture en dalles de pierre.* Elles sont en usage dans la vallée de Chamouni, et dans quelques autres lieux où l'on trouve de grandes plaques de pierre schisteuse, ou même de grès, que l'on peut enlever facilement des carrières. On les plante en terre à quelques décimètres de profondeur les unes contre les autres, et elles s'élèvent au-dessus du sol d'un mètre, ou d'un mètre quelques décimètres. Leur largeur est de 4 à 8 d. m. La durée de ce genre de clôture la rend très-économique.

Fig. 2. *Clôture avec des poteaux en grès.* On dresse ces poteaux après les avoir taillés dans une dimension de 12 à 13 d. m. de haut, non compris la partie qui doit être enfoncée sous terre, sur 28 c. m. de large, et 13 d'épaisseur. On les perce, dans la partie supérieure, d'un

trou dans lequel on fait passer des pièces de bois qui servent de barrière pour arrêter le passage des gros animaux. On en fait usage en Toscane.

Fig. 3. *Clôture avec des poteaux en pierre.* Toute espèce de pierre qui a de la consistance est propre à former ces clôtures. Le grès est cependant préférable à cause de la facilité qu'on a de le tailler en formes longues et peu épaisses. Après avoir planté en terre ces poteaux, on fixe à leur extrémité supérieure un pas de vis en fer, qui reçoit les deux extrémités des traverses en bois, qui se trouvent fortement liées les unes aux autres par le moyen d'un écrou qui les presse contre les poteaux. Le canton de Bâle offre cette espèce de clôture.

PLANCHE III.

Fig. 1. *Mur palissadé.* On élève un mur à la hauteur de quelques décimètres, dans lequel

on scelle, de distance en distance, des montants qui se lient les uns aux autres par des traverses contre lesquelles on cloue des pièces de bois qui reposent sur la muraille par leur extrémité inférieure. Cette construction est employée dans plusieurs pays, pour clorre les jardins ou les cours. Elle réunit la solidité à l'élégance et à la régularité.

Fig. 2. *Clôture en pisé et cannes.* On fait, dans le royaume de Valence, en Espagne, des clôtures de jardins avec des murs en pisé, élevés de 8 à 9 d. m. , sur lesquels on implante une rangée de cannes (arundo donax) qui se touchent, et qui sont liées à la partie supérieure et inférieure par des cordons de sparte. On peut également employer des branches d'arbre dans les lieux où la canne ne

croît pas. Ce genre de clôture est très-durable, lorsque le pisé est fait avec de bonne terre. Il est de la plus haute antiquité en Espagne, ainsi qu'on le voit dans le chap. XIV, l. 1, de *Re rusticâ* de Varron, qui s'exprime ainsi : *Quod (septum) ex terrâ et lapillis compositis in formis ut in Hispaniâ.*

Fig. 3. *Mur en terre, surmonté de cannes.* Ce genre de clôture est usité à Murviedro en Espagne. On construit en terre une espèce de muraille haute de 16 à 17 d. m. On fixe sur cette muraille des cannes inclinées les unes sur les autres, et on les unit par deux traverses liées avec de l'osier. Ce genre de construction est expéditif et peu coûteux.

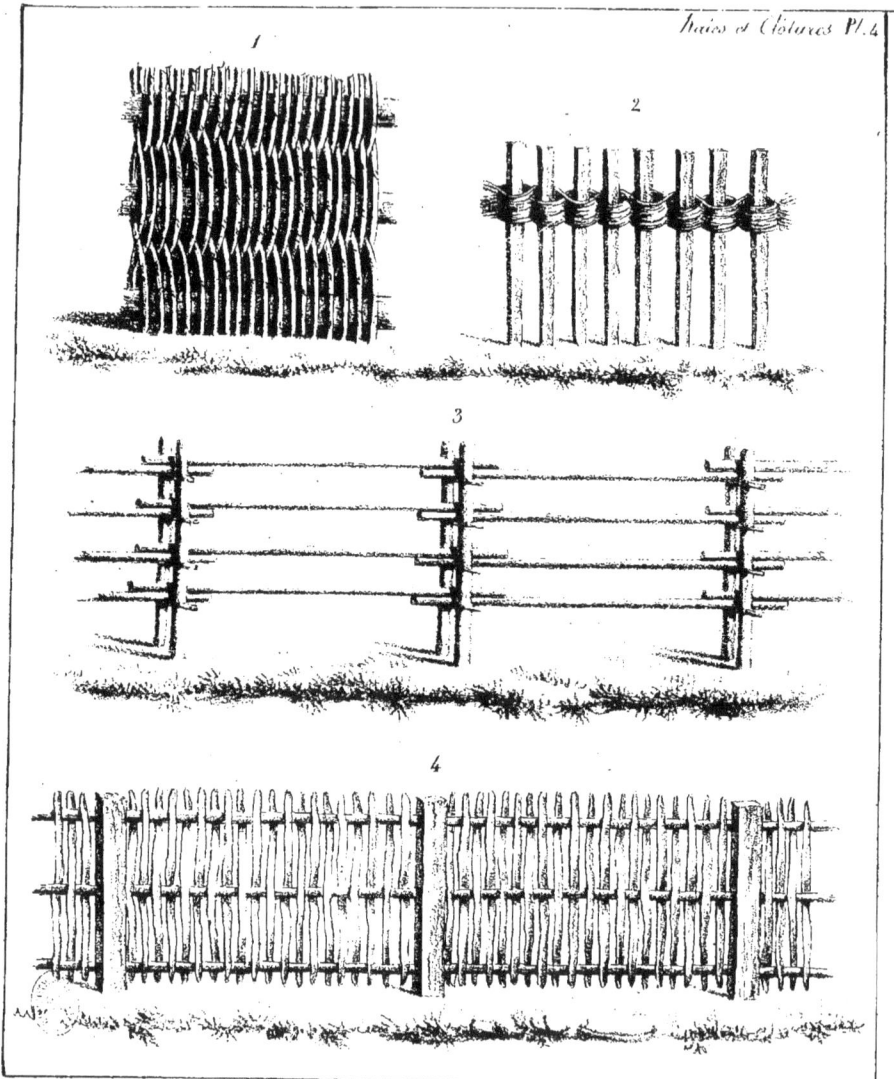

1

2

3

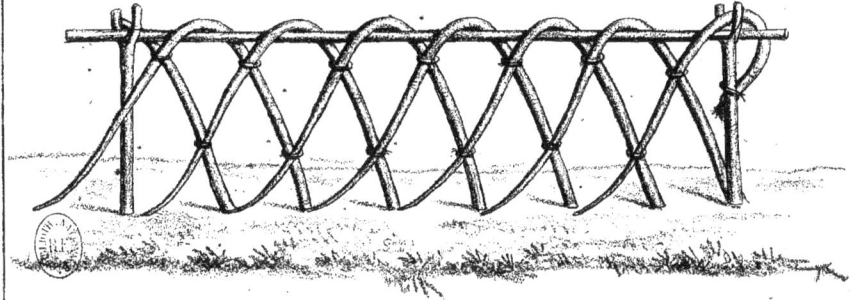

Lithog. de C. de Last.

HAIES ET CLÔTURES.

PLANCHE IV.

Fig. 1. *Clôture en roseaux.* On construit ce genre de clôtures dans le département des Pyrénées Orientales. On plante en terre, sur une même ligne, les roseaux (arundo donax) dont on a coupé l'extrémité supérieure, de manière que la haie puisse avoir une hauteur de 15 à 20 décimètres. On forme des faisceaux avec les extrémités, que l'on entrelace successivement sur trois points de la hauteur. Ces haies ou clôtures sont solides et durables.

Fig. 2. *Clôture à pieux tressés.* Elle est très-usitée en Suisse, dans les cantons de Soleure et de Berne. On plante en terre des pieux ou des échalas qu'on entrelace avec des branches de sapin, de Saule, etc., à la hauteur d'un mètre, la hauteur totale est 1 mètre ½.

Fig. 3. *Clôture à double support et à quatre traverses.* Les supports sont liés par des chevilles en bois, sur lesquelles reposent les traverses qui forment une clôture assez compacte et assez solide pour empêcher les animaux de sortir hors de l'enceinte où l'on veut les contenir. On en fait usage dans plusieurs cantons de la Suisse. On varie la hauteur selon le genre d'animaux que l'on veut renfermer.

Fig. 4. *Clôture à traverses clissées.* On fixe en terre de forts poteaux traversés par trois barres de bois que l'on clisse avec des lattes ou des branchages. Cette clôture, usitée en Norvège, présente beaucoup de solidité, et peut être employée avec avantage dans les contrées où le bois est commun.

PLANCHE V.

Fig. 1. *Clôture à pieux croisés et à simple traverse.* Elle ne diffère de celle que nous avons donnée sous le n° 3 de la planche première, qu'en ce que les pieux ne sont pas fixés l'un contre l'autre par un lien. Il faut dans ce cas que les pieux aient plus de force et soient enfoncés plus profondément en terre.

Fig. 2. *Clôture formée par des perches implantées les unes au bout des autres.* On établit en terre des supports de 7 à 8 décimètres, sur lesquels on cheville de longues perches dont l'une des extrémités, qu'on a amincie, se fixe dans un trou pratiqué à l'extrémité d'une autre perche. Elles se trouvent ainsi assujetties les unes au bout des autres. On les fait ordinairement avec de jeunes arbres de sapin, longs de douze à quinze mètres. Ce genre de construction est usité dans le Wittemberg.

Fig. 3. *Clôture à branches courbées et fichées en terre à leurs deux extrémités.* Lorsqu'on veut former cette clôture, en usage dans le canton de Lucerne, on plante des poteaux fourchus, sur lesquels on pose de longues perches; puis on fiche en terre une branche de bois qu'on recourbe au-dessus de la perche, et on insinue pareillement en terre l'autre extrémité à une certaine distance de la première, et ainsi successivement. On fixe avec des liens ces branches qui se trouvent croisées les unes sur les autres. Cette construction est simple et d'une grande solidité. On donne à ces clôtures 8 ou 10 décimètres de haut.

PLANCHE VI.

Fig. 1. *Clôture à double support et à deux traverses.* On enfonce en terre deux supports l'un vis-à-vis de l'autre, à une distance proportionnée à la longueur des perches dont on veut se servir pour former la clôture. On entrelace la partie inférieure des pieux avec des branchages flexibles, sur lesquels on pose la première file de perches; on forme un second entrelacs, sur lequel on établit la seconde file. Elle est en usage dans le canton de Zurich.

Fig. 2. *Clôture à double support et à une traverse.* Elle est du même genre que la précédente, excepté qu'elle n'a qu'une traverse soutenue, à la hauteur de 8 décimètres, par une cheville qui unit les deux montants. La hauteur totale est de 10 à 12 décimètres. Elle est très-commune en Suisse et peu coûteuse.

Fig. 3. *Clôture en pieux à simple tresse.* Elle est en usage dans la Biscaye. On enfonce en terre des pieux à la distance d'un ou deux décimètres, et on les unit, dans leur partie supérieure, avec une tresse composée de trois ou quatre gaules de bois minces et souples.

Fig. 4. *Clôture en pieux à double tresse.* Elle ressemble à la précédente; les pieux sont moins forts; on se contente d'employer souvent des échalas ordinaires, auxquels on donne de la solidité par deux tresses formées avec des gaules d'un bois ployant. Ces deux clôtures sont d'une construction facile et peu coûteuse.

1

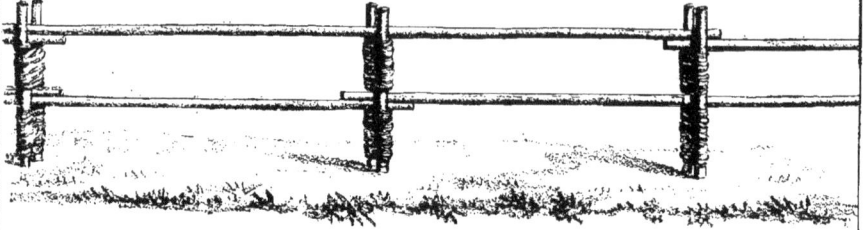

2

3

4

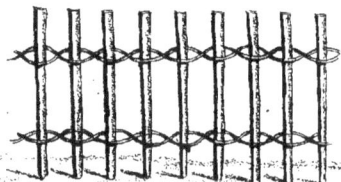

Lithog. de C. de Last

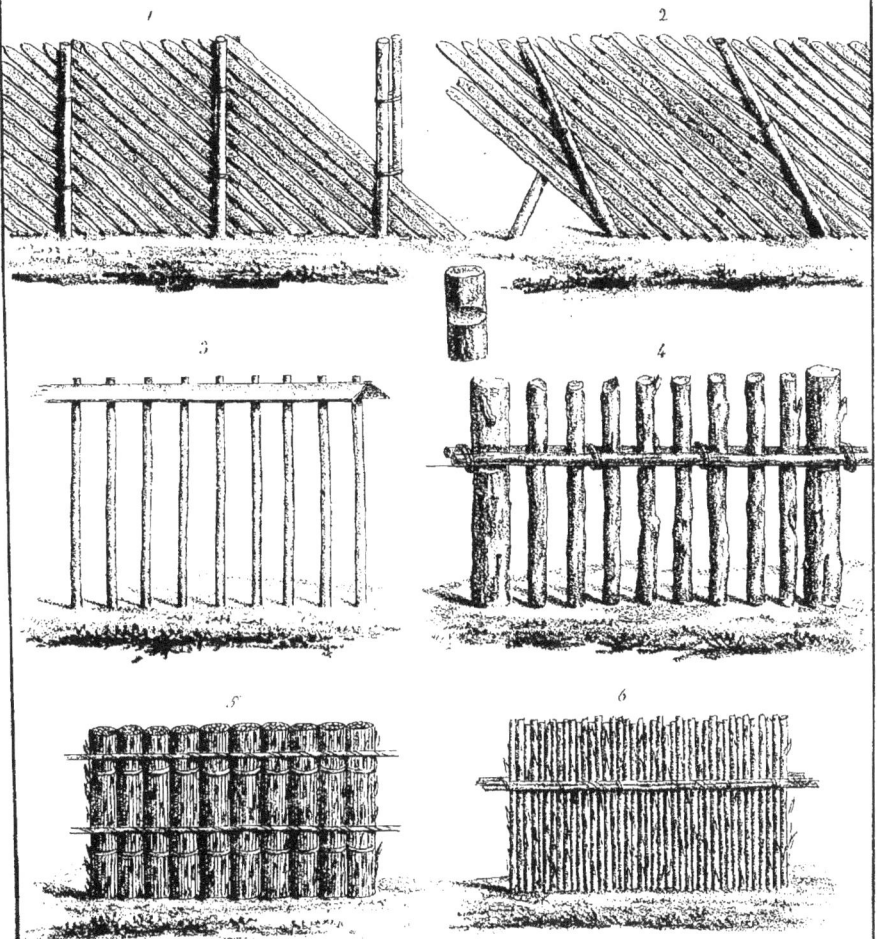

1

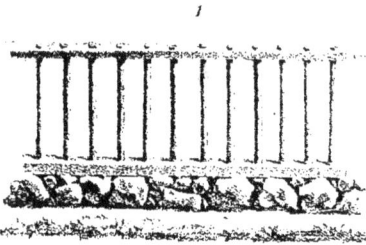

2

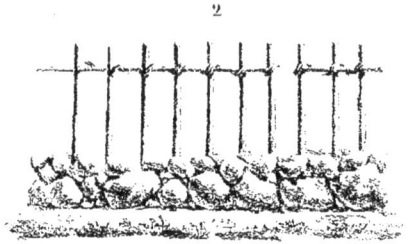

3

5

4

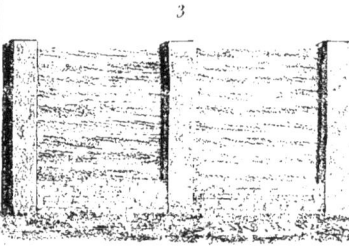

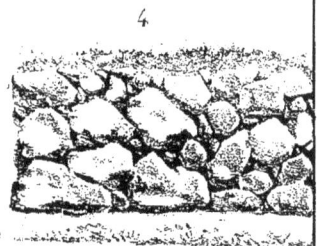

6

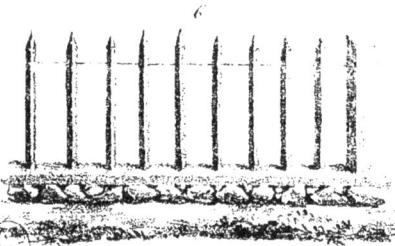

7

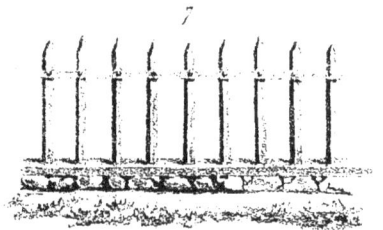

Lithog. de C. de Last

HAIES ET CLÔTURES.

PLANCHE VII.

Fig. 1. *Clôture en lattes inclinées contenues par des piquets verticaux.* Ce genre de clôture, usité en Norwége, ne peut être recommandé, ainsi que la suivante, que dans les lieux où le bois est très-abondant. On le forme en plantant en terre, de distance en distance, deux pieux l'un vis-à-vis de l'autre, entre lesquels on place des lattes, en les enfonçant en terre, et leur donnant une inclinaison de 45 degrés. On les retient ensemble par des liens qui vont d'un pieu à l'autre.

Fig. 2. *Clôture en lattes inclinées contenues par des piquets qui se croisent.* On la trouve en Norwége et en Danemarck : elle est du même genre que la précédente, excepté que les lattes sont soutenues par des piquets qui se croisent.

Fig. 3. *Clôture en pieux contenus par une planche.* On fiche en terre, à une distance convenable, des pieux ou bâtons, et on les réunit en faisant passer leur extrémité supérieure dans une planche épaisse, et taillée en pente pour faciliter l'écoulement des eaux. Elle est en usage dans le canton de Glaris.

Fig. 4. *Clôture faite avec de forts pieux.* Cette clôture, qui présente beaucoup de solidité, s'établit en fixant en terre, de distance en distance, des poteaux entre lesquels on place de gros pieux : le tout est retenu par des perches qui s'adaptent à des entailles faites dans ces poteaux, et qu'on lie les unes aux autres. On en fait usage en Suède.

Fig. 5. *Clôture formée par des paquets de roseaux.* Après avoir lié ensemble de petits paquets de roseaux, on les met en terre l'un à côté de l'autre, par l'une de leurs extrémités, et on les réunit par deux perches horizontales. On voit ce genre de clôture dans le département des Pyrénées-Orientales.

Fig. 6. *Clôture en tige de maïs.* Elles sont communes dans le royaume de Valence, à cause de la facilité et de l'économie qu'on trouve dans leur construction. Après avoir creusé un sillon en terre, on y plante les tiges en les serrant les unes contre les autres, et on les soutient en les liant avec des roseaux posés longitudinalement des deux côtés.

PLANCHE VIII.

Fig. 1. *Clôture à claire-voie soutenue par un mur.* Elle est pratiquée en Suède. On pose sur une muraille en pierre sèche, élevée de 3 à 4 d. m., une solive percée de trous, dans lesquels on fixe de distance en distance de forts bâtons. Ceux-ci sont contenus à leur extrémité supérieure par une autre pièce de bois beaucoup moins forte que la solive.

Fig. 2. *Clôture composée d'une muraille dans laquelle on plante des pieux.* Après avoir fixé en terre les pieux, et les avoir liés dans leur partie supérieure avec des lattes, on établit sur les deux côtés inférieurs, une muraille en pierre

sèche, pour donner plus de solidité à ce genre de clôture, qui a lieu en Suède.

Fig. 3. *Clôture en poteaux à coulisse et en maçonnerie.* On enfonce dans la terre de forts poteaux, et l'on forme entre ceux-ci une muraille en brique à l'élévation de 2 ou 3 d. m. On fait entrer ensuite des planches dans les rainures pratiquées à chaque poteau. Ces clôtures présentent beaucoup de solidité, et conviennent à l'entourage des cours et des jardins, dans les lieux où le bois est à bon marché. On les construit aux environs de Bade.

Fig. 4 et 5. *Clôtures en pierres et en terre.* Elles

sont très-communes en Suède, où l'on profite des blocs de pierre qui se trouvent dans les champs pour entourer les propriétés, en construisant des murailles sèches un peu inclinées, et revêtues intérieurement du champ et sur leur sommet, de terre sur laquelle on laisse croître l'herbe, ainsi qu'on le voit dans la coupe fig. 5. On cultive souvent des légumes sur le revers de ces clôtures, ou on y plante des arbres.

Fig. 6. *Clôture en palissade liée par un fil de fer et soutenue par une assise de pierre.* Après avoir formé une assise de pierre sèche, on pose une solive sur laquelle on établit des pieux qui sont traversés dans leur partie supérieure par un gros fil de fer. On donne plus de solidité à cette cloison en élevant, de distance en distance, de gros poteaux. En usage en Danemarck.

Fig. 7. *Clôture en palissade liée par une traverse et soutenue par une assise de pierre.* Elle est usitée en Danemarck, comme la précédente, et n'en diffère que parce qu'elle est liée dans sa partie supérieure par une traverse au lieu d'un fil de fer.

PLANCHE IX.

Fig. 1. *Clôture de terres en talus avec des arbres.* On fait ces clôtures avec de la terre dressée en talus, contre lequel on élève intérieurement et extérieurement une muraille en gazon. On plante au sommet des charmes qui s'entrelacent et forment une haie impénétrable. On emploie aussi le bouleau, l'orme ou le chêne, qu'on taille et qu'on tient à une hauteur convenable. On en fait un grand usage dans les environs de Hambourg. On a représenté, sous la lettre A, la coupe de ces clôtures.

Fig. 2. *Clôture en pierre sèche.* On construit ces murailles aux environs de Tarragone en Espagne. Les angles et les extrémités sont élevés avec des pierres posées à plat, tandis que le corps de la muraille est composé de pierres irrégulières placées dans tous les sens, qui se soutiennent en faisant voûte les unes contre les autres; de sorte qu'on peut en ôter une sans faire tomber celles qui sont au-dessus ou à côté. Cette construction est solide et peu coûteuse.

Fig. 3. *Clôture à jour en tuiles courbes.* Cette manière de former des clôtures est peu chère, agréable à la vue, et peut être appliquée dans un grand nombre de circonstances; elle est en usage dans plusieurs lieux, surtout en Italie. On établit une assise en maçonnerie; on élève, de distance en distance, des montants en une dont on remplit les intervalles avec des briques ou tuiles concaves, en les superposant les unes sur les autres. Le tout est surmonté par une rangée de dalles.

Fig. 4. *Clôture à jour en briques.* On pose des assises formées de deux briques qui se supportent mutuellement à leur extrémité, en laissant entre elles un intervalle vide. On économise les matériaux par ce genre de bâtisse, applicable non-seulement aux clôtures, mais même aux édifices qu'il n'est pas nécessaire de fermer entièrement, comme sont les granges, les étables pour les animaux, etc. On s'en sert à Rome et dans d'autres parties de l'Italie.

Fig. 5. *Haie en cannes croisées.* On plante en terre une série de cannes jointes ensemble deux à deux, l'une grosse et l'autre petite, ayant soin de leur donner une certaine inclinaison. On croise contre ces premières une autre série de manière à former des losanges, et on consolide le tout par deux traverses horizontales composées avec quatre ou cinq cannes, qu'on lie les unes aux autres. On en fait usage en Toscane, et on leur donne 12 d. m. de haut.

Fig. 6. *Clôture en muraille recouverte en tuiles.* Les murailles de clôture sont sujettes à se dégrader, lorsqu'elles sont simplement couvertes avec du plâtre ou du mortier. Pour éviter cette dégradation, on les recouvre avec des tuiles plates surmontées de tuiles concaves.

1   A   2

3   4

5   6

Lithog. de C. de Last.

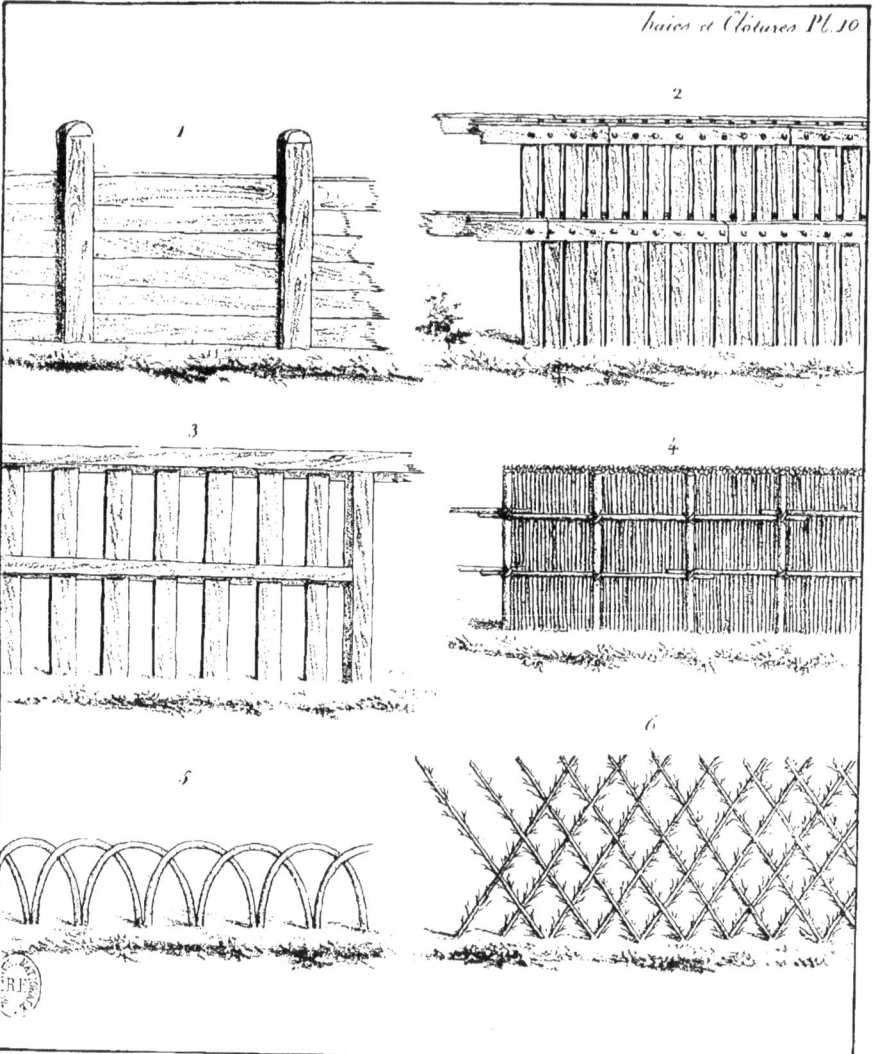

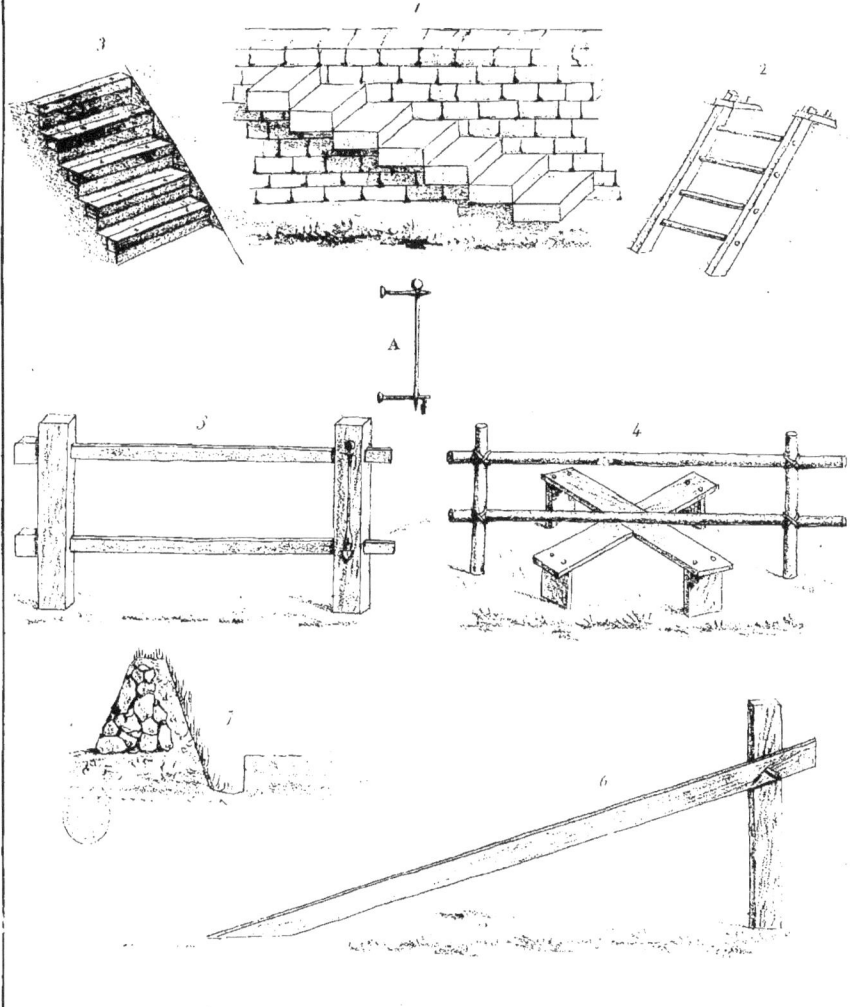

HAIES ET CLÔTURES.

PLANCHE X.

Fig. 1. *Clôture à poteaux traversés par des planches.* Après avoir formé une ouverture de part en part dans des poteaux, on les plante en terre, à une distance proportionnée à la longueur des planches; et l'on fait entrer celles-ci dans les ouvertures, en les plaçant les unes sur les autres. Les poteaux ont 4 d. m. en carré sur 15 de haut. On en fait usage dans quelques parties de l'Allemagne.

Fig. 2. *Clôture en planches maintenues contre des traverses.* On plante en terre des planches plus ou moins rapprochées, et on les soutient contre deux traverses doubles attachées avec des chevilles de bois. Il suffit de mettre des traverses d'un seul côté de la clôture; on lèur donne 2 d. m. de largeur. Cette clôture a de 11 à 13 d. m. de hauteur.

Fig. 3. *Clôture en planches fixées dans des traverses.* On l'emploie en France et ailleurs, et on lui donne ordinairement une élévation de de 11 d. m. La traverse supérieure, qui est plus forte que celle du milieu, a 2 d. m. en carré.

Fig. 4. *Clôture en bruyère sèche.* Elle est en usage dans quelques parties de la France. On se sert, pour la former, de la bruyère qui est connue par les botanistes sous le nom d'*erica scoparia*. L. On plante des piquets en terre pour soutenir des lattes contre lesquelles on retient la bruyère. On plante celle-ci debout, et on lui donne une épaisseur convenable, c'est-à-dire de 2 à 2 4 d. m. La hauteur est ordinairement de 14 d. m.

Fig. 5. *Clôture avec des gaules recourbées en demi-cercle.* On en fait usage à Rome dans les jardins d'agrément pour mettre en espalier ou pour fixer des fleurs. On lui donne l'élévation convenable.

Fig. 6. *Haie vive en losange.* On plante en terre des baguettes de bois qui prend de bouture. On les incline les unes contre les autres, à peu près sur un angle de 45 degrés et dans une direction opposée. Les losanges ont 3 d. m. d'un côté à l'autre. On donne à la haie de 15 à 16 d. m. de hauteur. On entaille quelquefois les baguettes dans leurs points de rencontre, et on les lie ensemble, afin de les unir et de leur donner ainsi un grand degré de solidité. Il pousse des branches latérales qui garnissent la haie de toutes parts. On la tient à une épaisseur de 4 d. m., ou plus, si on le juge à propos. On la taille par le haut. On se sert ordinairement du bois de saule. On en fait usage, dans plusieurs endroits, pour clore les champs, et surtout les jardins d'agrément.

PLANCHE XI.

Fig. 1. *Escaliers pour franchir les murailles de clôture.* On pratique ces escaliers en Biscaye et ailleurs, lorsqu'on veut pouvoir franchir les murailles, et interdire le passage aux bestiaux. On les forme par la disposition des pierres, dont la moitié se trouve incrustée dans la maçonnerie, et l'autre partie en dépasse la superficie.

Fig. 2. *Escalier en bois, pratiqué sur un talus de terre.* Lorsqu'on veut empêcher que les bestiaux ne puissent monter sur un terrain en pente, on y fixe, avec des chevilles, des pièces de bois disposées en gradins, qui soutiennent la terre, et en facilitent l'accès aux hommes. Usité dans le canton de Zurich.

Fig. 3. *Échelons sur un talus en terre.* On pose aussi ces échelons pour descendre dans un fossé, ou pour le remonter. On les lie au sommet par deux tenons lorsqu'ils sont doubles, comme dans le dessin, ou on les fixe en terre avec des chevilles. Usité dans le canton de Soleure.

Fig. 4. *Marchepied pour franchir les barrières.* On place à travers la barrière deux planches croisées, et soutenues par quatre pieds ou supports fixés en terre. On facilite, par ce moyen, dans le canton d'Appenzel, le passage des barrières.

Fig. 5. *Manière de fermer les barrières.* On fait passer à travers les deux poteaux d'une barrière deux traverses qu'on arrête, à l'une de leurs extrémités, par des boulons, dont le supérieur reçoit dans l'un de ses bouts une verge de fer qui, étant percée à son extrémité, entre dans le boulon inférieur, auquel on attache un cadenas, ainsi qu'on le voit représenté sous la lett. A.

Fig. 6. *Barrière inclinée.* Ces barrières usitées dans l'Oberwald, en Suisse, se composent d'un poteau, au sommet duquel on fixe une longue pièce de bois, dont l'autre extrémité repose par terre. On les établit sur les bords des chemins, afin d'empêcher les passans de frayer des sentiers dans les terres labourées ou ensemencées. Le poteau a 1 m. de haut, et la barre en a 4 ou 5.

Fig. 7. *Fossé muni d'une muraille en pierre et en terre.* Ce genre de clôture, usité en Danemarck, peut s'employer avec avantage dans les sols pierreux. On élève une muraille en pierres sèches, et on la revêt de terre, sur laquelle croît le gazon, ainsi qu'on le voit dans la coupe qui en est donnée.

PLANCHE XII.

Fig. 1. *Barrière qui se ferme d'elle-même.* Elle est soutenue, dans sa partie supérieure, par un gond, et elle s'appuie, dans sa partie inférieure, alternativement, lorsqu'on la pousse en dedans ou en dehors, sur deux pièces de fer implantées à la base du poteau, au moyen d'un demi-cercle en fer qui porte à ses extrémités une espèce de fourchette, ainsi qu'on le voit à la lett. A, qui représente en même temps la coupe d'une portion de la barrière. Le loquet de la barrière, lorsque celle-ci se rabat, s'élève sur la pièce de bois B, tombe dans une encoche qu'elle porte à son milieu, où il se fixe, et avec lui la porte de la barrière.

Fig. 2. *Barrière dont la porte est soutenue par un poteau.* Cette porte, qui est attachée, avec des liens de bois, à l'un des poteaux, se fixe sur deux entailles faites au poteau opposé. Usité en Suède.

Fig. 3. *Barrière à traverses mobiles.* On fiche l'extrémité des traverses dans les trous qui se trouvent sur les côtés d'un poteau, et l'on fait entrer l'autre extrémité dans les trous correspondans de l'autre poteau, par le moyen d'entailles pratiquées au-dessus et sur le côté de ces trous. On enlève les traverses lorsqu'on veut laisser passer les bestiaux. Usité dans le département des Landes.

Fig. 3 bis. *Barrière à double porte.* La petite porte sert au passage des hommes et à celui des animaux de petite taille. En usage dans le département de la Haute-Vienne.

Fig. 4. *Barrière à roue.* On place une roue à l'extrémité inférieure des portes des barrières, lorsqu'elles sont trop massives, et qu'elles ont une trop longue portée.

Fig. 5. *Barrière composée de deux poteaux et d'une traverse.* Sa traverse roule sur un poteau, et se fixe dans une entaille pratiquée à l'autre poteau. Se voit dans les Landes.

Fig. 6 et 7. *Barrière à bascule.* La fig. 6 représente la barrière fermée. Lorsqu'on veut passer, on rabaisse avec la main l'extrémité des traverses, ainsi qu'on le voit fig. 7.

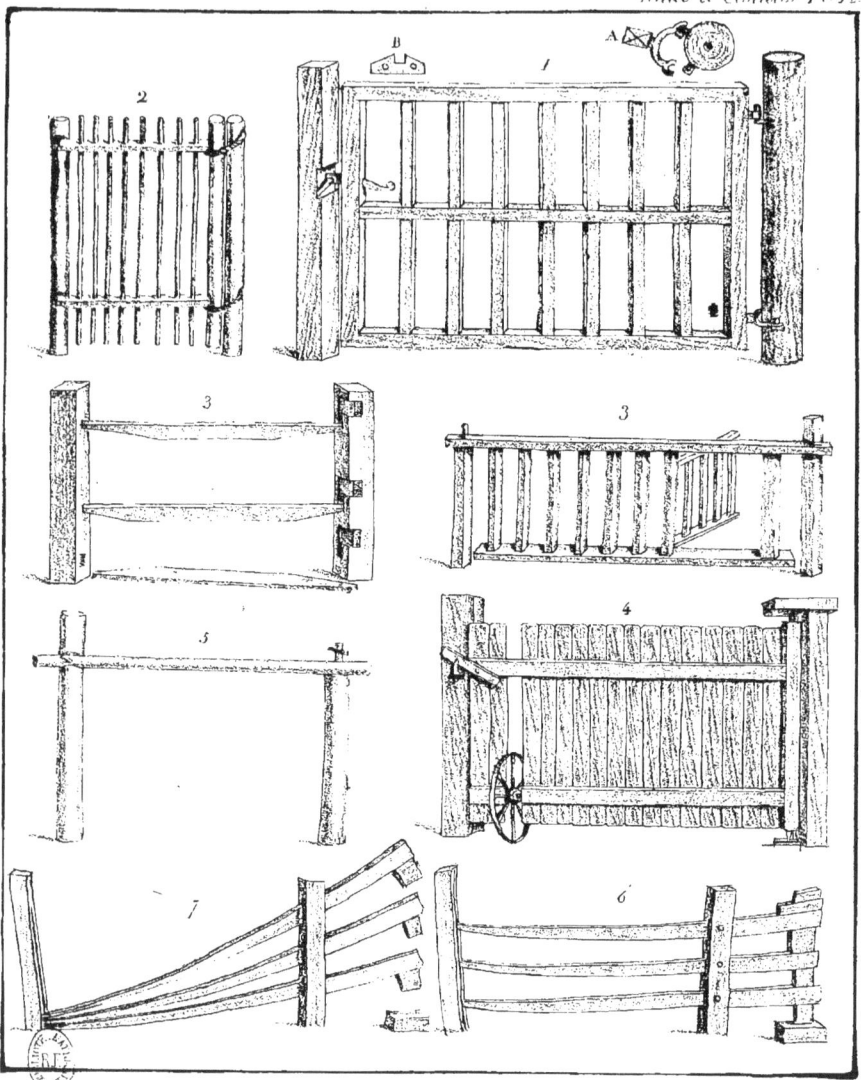

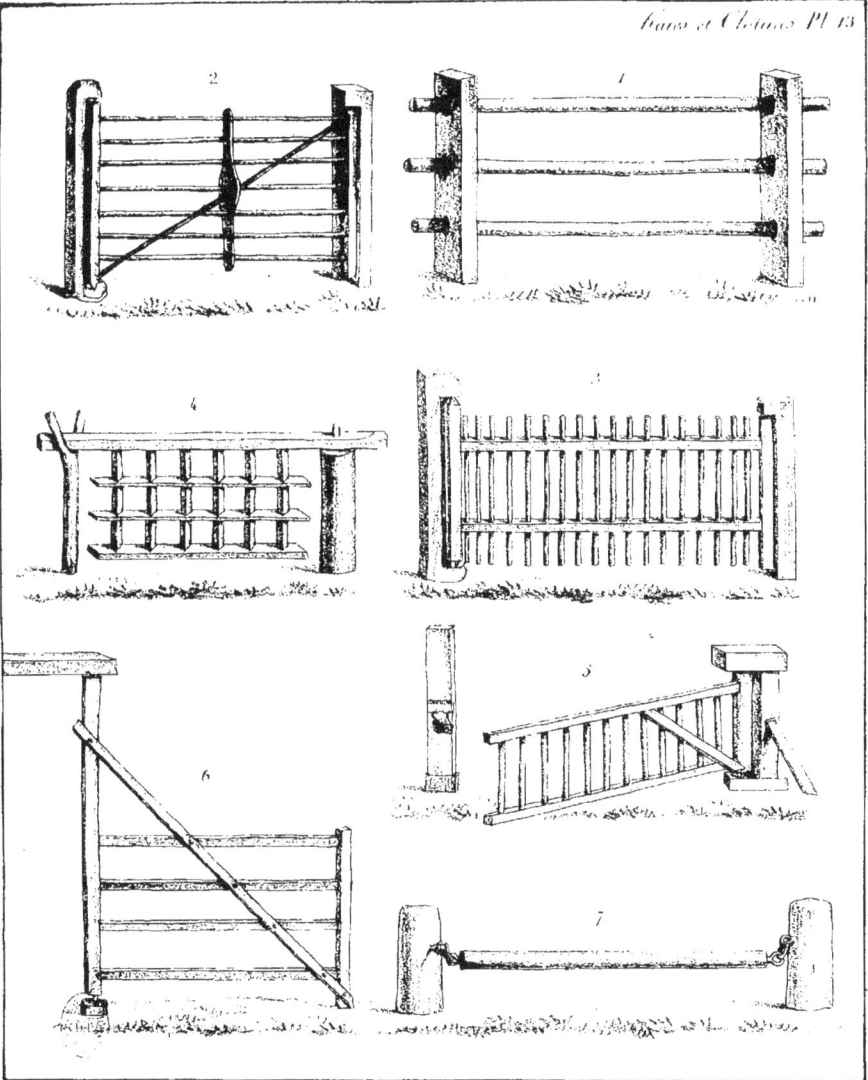

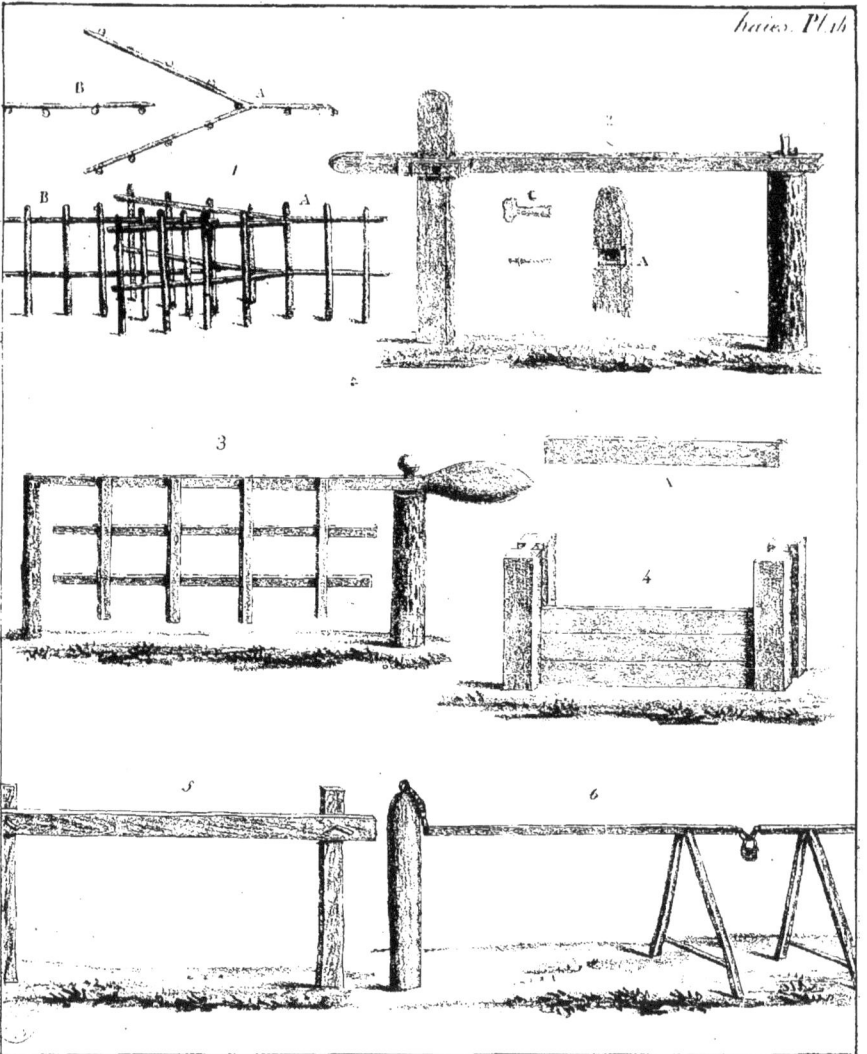

HAIES ET CLÔTURES.

PLANCHE XIII.

Fig. 1. *Barrière à traverses mobiles.* Les deux montans sont en grès ou en pierres schisteuses et percés de trous, dans lesquels on fait entrer les traverses en bois lorsqu'on veut fermer le passage aux animaux. Elle est en usage dans le canton de Lucerne.

Fig. 2. *Barrière pivotante.* Elle est formée par des bâtons qui passent horizontalement dans une planche verticale, et qui sont soutenus par une traverse inclinée. Elle roule sur deux pivots, dont l'un entre dans la partie supérieure du poteau, et l'autre dans la partie inférieure. On la trouve dans le canton de Fribourg.

Fig. 3. *Barrière pivotante.* Elle a de l'analogie avec la précédente ; sa porte se compose de barreaux soutenus par deux traverses. On l'emploie dans le canton d'Appenzel.

Fig. 4. *Barrière tournante sur un axe.* On la construit dans le département de la Gironde.

Elle est soutenue d'un côté par un poteau sur lequel elle tourne par le moyen d'une cheville, et on la fixe de l'autre côté sur un poteau fourchu.

Fig. 5. *Barrière pivotante soutenue par un appui.* Lorsqu'on veut la fermer, on la soulève par son extrémité, et on la pose sur une pièce de bois fixée contre l'un des poteaux. En usage en Hollande.

Fig. 6. *Barrière pivotante soutenue par une traverse inclinée.* Elle est en usage dans l'état ecclésiastique.

Fig. 7. *Barrière composée de deux bornes et d'une traverse.* Les bornes sont en pierre. L'une d'elles est liée avec la traverse par une chaîne, tandis que du côté opposé on peut la réunir à l'autre borne, par le moyen d'un cadenas. On en fait usage en Toscane pour empêcher le passage des voitures.

PLANCHE XIV.

Fig. 1. *Barrière à coulisse.* Elle est faite, ainsi qu'on le voit dans le plan et dans l'élévation figurés, avec une double rangée de pieux A A, formant un angle aigu vers le sommet intérieur duquel on établit une autre rangée de pieux simples B B, qui doit former la clôture. De manière qu'un homme peut passer entre les deux rangées de pieux qui forment l'angle, et ceux qui se trouvent placés dans cet angle sur une ligne droite, sans que les bestiaux puissent franchir cette barrière. Ces pieux sont unis par une double traverse. En usage dans le département des Pyrénées-Orientales.

Fig. 2. *Barrière fermant à clef.* Elle se compose d'une traverse qui roule sur le sommet d'un poteau, et va s'arrêter contre le poteau opposé. On pratique à cet effet dans celui-ci une en-

taille A, dans laquelle vient se fixer la traverse. On établit dans le milieu de l'entaille un écrou en fer qui traverse le poteau, et qui est destiné à recevoir la vis B. On fait entrer celle-ci dans le trou à l'extrémité de la traverse, et on la visse ou on la dévisse, avec la clef C, selon qu'on veut ouvrir ou fermer la barrière. On garnit le trou de la traverse avec une pièce de bois pour lui donner plus d'épaisseur, et afin que le bout carré de la vis ne sorte pas au dehors. Cette barrière est en usage dans le département de la Gironde.

Fig. 3. *Barrière à levier.* Pour construire cette barrière, usitée en Hollande, on plante en terre deux poteaux, dont l'un, plus fort que l'autre, supporte l'extrémité d'une pièce de bois, avec une cheville autour de laquelle elle peut tourner. Cette extrémité, plus grosse que le reste de la pièce, forme un contre-poids qui tient la porte en équilibre. Des lattes clouées contre cette pièce empêchent le passage. On soulève l'autre extrémité des leviers lorsqu'on veut ouvrir la porte.

Fig. 4. Barrière à rainures. On plante en terre deux poteaux à rainures, dans lesquels on fait couler des planches lorsqu'on veut fermer cette barrière, qui est usitée dans le département des Landes.

Fig. 5. Barrière à deux poteaux et une traverse. Elle est pratiquée dans le canton de Berne, pour empêcher qu'on ne fraye des sentiers, le long des chemins, dans les terres ensemencées. Les poteaux sont à 4 mètres de distance, plus ou moins.

Fig. 6. Barrière appuyée sur deux supports. Elle se compose de deux barres, au sommet desquelles on attache avec une chaîne deux bornes de bois qui ferment le passage en se réunissant au moyen d'un cadenas. Comme on les établit dans de larges chemins, ou dans des allées, on soutient l'extrémité de chaque barre avec un léger support en bois. On l'emploie en Toscane.

PLANCHE XV.

Fig. 1. Clôture faite avec des solives posées angulairement. Cette manière de construire les clôtures prend beaucoup de terrain, et consomme beaucoup de bois ; aussi ne peut-elle être pratiquée, comme elle l'est en Norvége, que dans les lieux où le sol et le bois sont à très-bas prix. Elle a l'avantage de ne demander que très-peu de main d'œuvre.

Fig. 2. Porte décorée. On peut construire avec deux pilastres en pierre une porte à claire-voie, pour orner les entrées des clôtures des jardins, etc. On fait grimper des plantes d'agrément au-dessus de deux perches qui couronnent la porte. En Allemagne.

Fig. 3. Clôture à compartimens. On pratique ce genre de clôture, ou tout autre analogue, dans les jardins d'agrémens, à Florence.

Fig. 4. Clôture avec des solives posées les unes sur les autres. On établit ces solives entre deux pièces de bois fixées en terre les unes contre les autres. Elles sont très-solides et de longue durée, mais elles ont les mêmes inconvéniens que ceux notés à la fig. 1.

Fig. 5. Clôtures en grilles de bois soutenues par des pilastres. Cette disposition présente une certaine élégance dans les clôtures des jardins ou des cours. Usitées en Allemagne.

Fig. 6. Loquet pour arrêter une barrière. On le fixe par une cheville, de manière qu'il puisse se relever et retenir la porte de la barrière.

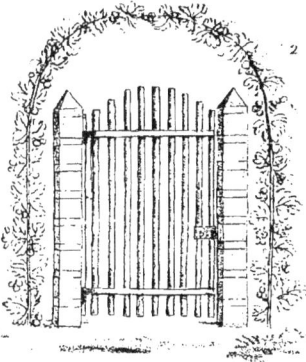

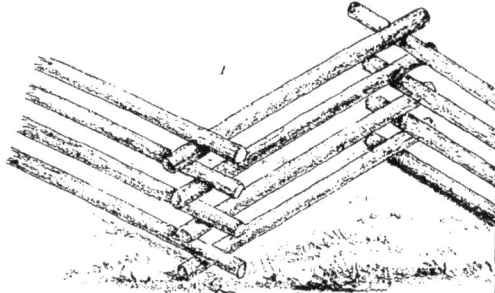

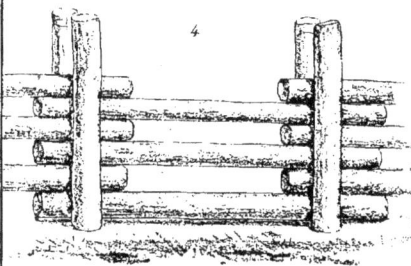

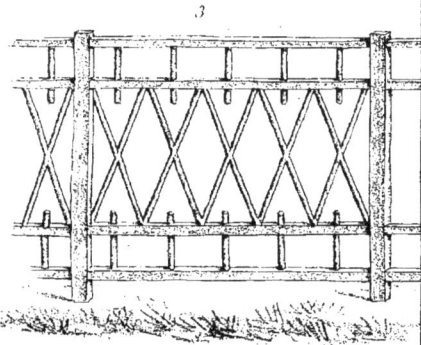

1

2

3

Lithog. de C. de Last.

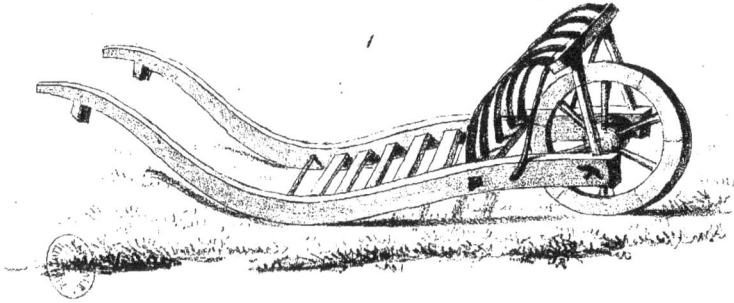

1

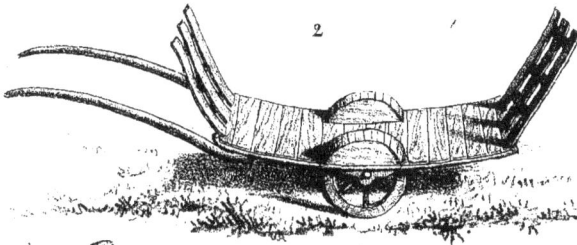

2

3

Lithog de C de Last

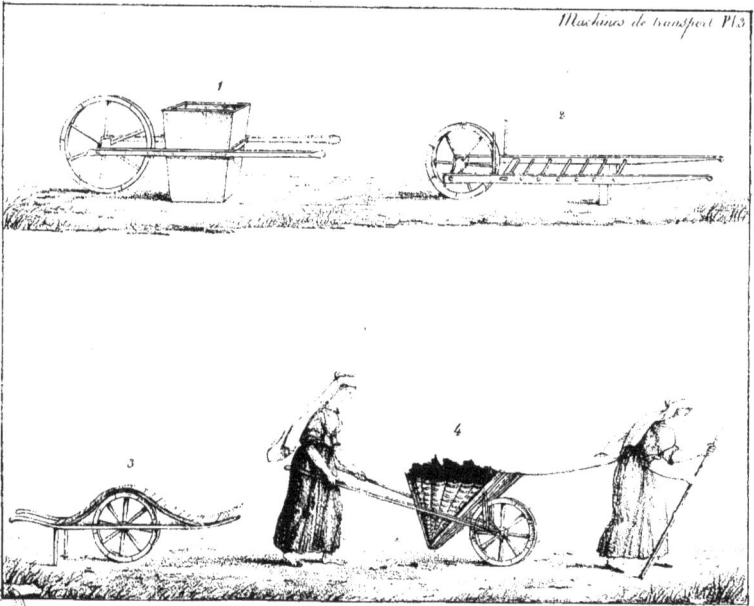

1

2

3

4

MACHINES DE TRANSPORT.

PLANCHE PREMIÈRE.

Fig. 1. *Brouette à baquet.* Elle est employée pour transporter la vendange et les liquides. Elle sert principalement aux irrigations des jardins dans quelques provinces méridionales de la France.

Fig. 2. *Brouette à caisson horizontal.* Elle sert à transporter les grains, le sable, et autres substances de même genre. La roue est placée au centre, afin d'alléger la charge qui, dans ce cas, est supportée par le point d'appui qui se trouve au centre de la roue.

Fig. 3. *Chariot à quatre roues*, dont les cultivateurs de Hollande font usage pour transporter leurs denrées aux marchés. Il est d'une construction assez légère pour être traîné par deux ou trois chiens. On voit dans le même pays un grand nombre de petits chariots à un seul chien, qui servent à conduire dans les villes les légumes et autres provisions. Cette méthode peut être avantageuse dans beaucoup de circonstances. Le conducteur monte ordinairement dans la voiture lorsqu'il s'en retourne à vide, et que son attelage est assez fort pour le voiturer.

PLANCHE II.

Fig. 1. *Brouette en civière courbe.* Elle est propre à charrier les corps pesants et volumineux, comme les pierres, le bois, etc. La charge est garantie du contact de la roue par une cloison à claire-voie, qui se recourbe au-dessus de cette roue, et qui est soutenue par deux montants en bois, et par deux tenons en fer. On en fait usage principalement dans les villes, pour le transport des marchandises.

Fig. 2. *Brouette à deux roues placées au centre de gravité.* La charge se trouvant placée au milieu du corps de la brouette, et sur deux points d'appui, l'ouvrier n'éprouve aucune charge, et le tirage est plus facile. Cette machine est utile dans le transport des corps volumineux et légers, comme les fagots, les pailles, fourrages, etc. Le plancher a 22 décimètres de long, et les soutiens placés aux extrémités 12 d. m. de haut.

Fig. 3. *Petite brouette* poussée par un homme et tirée par un chien. Cet attelage se voit fréquemment en Hollande. Il peut avoir des avantages dans plusieurs circonstances, sur-tout lorsqu'il s'agit de parcourir un certain espace sans décharger.

PLANCHE III.

Fig. 1. *Brouette à caisson vertical* pour les liquides. Elle est usitée par les cultivateurs qui s'en servent dans plusieurs cantons de la Suisse, pour le transport des urines et du jus de fumier, fermentés avec de l'eau. Cette fermentation donne une grande abondance d'engrais qui sert à fertiliser les prairies et les champs. Le caisson est formé par quatre planches, avec un fond, qui sont fortement liées ensemble.

Fig. 2. *Brouette en civière*. Elle sert au transport du bois, et autres objets en grande masse. Les deux montants situés auprès de la roue, empêchent que la charge ne gêne le mouvement de celle-ci.

Fig. 3. *Brouette à une roue centrale*. La roue est surmontée par un plancher sur lequel on peut transporter les corps lourds qui n'ont pas besoin d'être contenus.

Fig. 4. *Brouette en hotte*. On l'emploie dans le Brabant, pour porter la houille, les pierres et autres corps pesants. Elle est légère et d'une solide construction. Elle est mise en mouvement par deux femmes dont l'une pousse, et l'autre tire en avant au moyen d'une bricole. Ce moyen peut être employé pour toute espèce de brouette, sur-tout lorsqu'on veut transporter une lourde charge à une certaine distance.

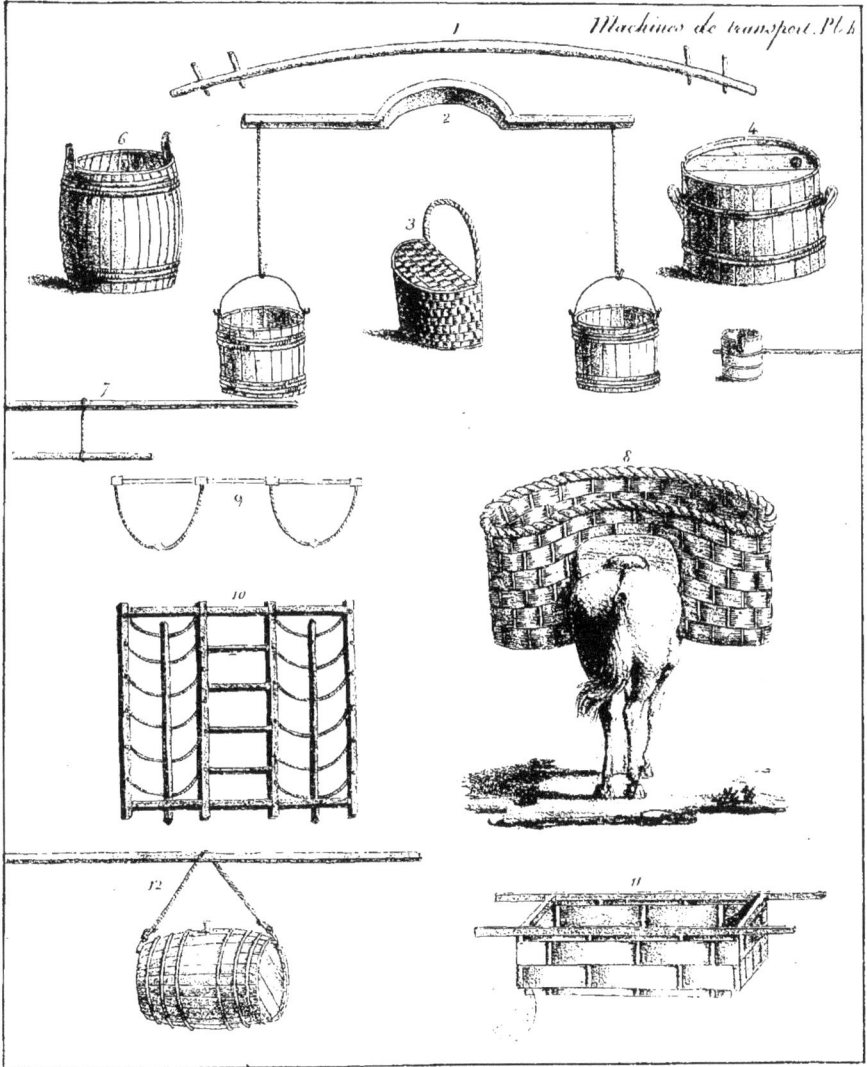

MACHINES DE TRANSPORT.

PLANCHE IV.

Fig. 1. *Bâton pour porter les fardeaux sur l'épaule.* On fixe deux chevilles à chaque extrémité, pour retenir des seaux d'eau ou tout autre objet qu'on veut porter. On met ce bâton, un peu aplati vers son milieu, sur une épaule, et le fardeau, distribué aux deux extrémités, se porte en équilibre. Il est en usage à Rome.

Fig. 2. *Joug pour porter fardeaux.* Il est composé d'une pièce de bois creusée circulairement vers son milieu, large et aplatie de manière à pouvoir être exactement adaptée sur les épaules par derrière et sur les côtés du cou. On porte ainsi le lait en Hollande et en Angleterre.

Fig. 3. *Panier de forme demi-circulaire.* Ce panier, qui se porte facilement sur le bras en s'appliquant sur le côté, est très-commode pour aller chercher des provisions au marché, ou pour autres choses semblables.

Fig. 4. *Comporte pour le transport des engrais liquides.* Elle est armée de deux poignées qui servent à passer deux bâtons pour en faciliter le transport. Elle est percée à son couvercle d'une bonde par laquelle on fait entrer le liquide. On emploie pour cela un vase traversé par un long manche, avec lequel on puise dans les lieux d'aisance, ou dans les citernes, les excréments fermentés avec de l'eau dont on veut arroser les champs. Ce vase est figuré au-dessous de la comporte. Il sert à recevoir ce même liquide, qu'on fait écouler en penchant la comporte. C'est ainsi qu'on arrose le grain en Catalogne, après l'avoir répandu à la main, dans un sillon que la charrue recouvre en ouvrant la terre.

Fig. 6 et 7. *Tonneau avec un seul fond pour porter les vidanges.* Il est muni de deux douves qui excèdent les bords, et qui sont percées pour recevoir un petit bâton (fig. 7) attaché à un autre grand bâton, que deux hommes mettent sur leurs épaules pour porter la charge. En saisissant le grand bâton, on insinue le petit dans les deux

trous des douves, sans crainte de toucher aucune ordure. C'est ainsi qu'on fume les champs en Toscane avec les matières fécales délayées dans l'eau.

Fig. 8. *Panier double pour contenir la charge des chevaux.* Il est en usage dans le département des Basses-Pyrénées : il sert non-seulement à transporter les marchandises et les provisions, mais aussi les hommes et les femmes : chaque personne s'ajuste dans un côté du panier ; c'est ce qu'on appelle dans le pays *aller en cacolet.* On fabrique ordinairement ces paniers en joncs, en paille, en sparte, ou en éclisses de bois.

Fig. 9 et 10. *Esselle.* On en fait usage dans le département de l'Indre et ailleurs, pour porter à dos d'animal le fumier, les denrées, etc. Elle est composée de quatre pièces de bois assujetties à leurs extrémités par deux traverses qui forment un quadre, dont les deux pièces longitudinales du milieu, distantes de 45 c. m., sont jointes par de petites traverses qui reposent sur la selle de l'animal. Les deux côtés de *l'esselle* forment, ainsi qu'on le voit dans la coupe (fig. 9), une espèce de panier double, d'une longueur de 7 d. m. et d'une largeur totale de 6 d. m.

Fig. 11. *Panier en brancard.* On en fait usage à Rome pour charger les bêtes de somme. Il est formé avec de larges éclisses de bois. On assujettit avec des cordes, sur le bât de l'animal, deux de ces paniers. Les bâtons qui dépassent, et qui forment brancard, sont très-appropriés à cet objet, ainsi qu'au transport à bras d'homme.

Fig. 12. *Tonneau pour transporter les vidanges.* C'est un tonneau ordinaire, qu'on saisit avec deux crochets attachés aux deux extrémités d'une corde, et qu'on transporte en faisant passer une barre au-dessous de cette corde. On peut ainsi transvaser les matières fécales liquides, et les répandre dans les champs, sans se salir. On en fait usage aux environs de Florence.

PLANCHE V.

Fig. 1. *Panier pour affourrager les bestiaux.* On l'emploie dans le département de la Gironde, pour transporter le foin du fénil aux rateliers. Il a l'avantage d'être très-léger, et de pouvoir être porté facilement. Il a 9 d. m. de diamètre.

Fig. 2. *Chariot à claire-voie.* On l'emploie dans les fermes de la Lombardie pour transporter les fourrages des granges dans les étables, et les distribuer aux bestiaux. Il a 9 d. m. de haut, sur 18 de long et 12 de large.

Fig. 3. *Panier oblong aplati.* Cette espèce de panier dont on fait usage à Rome pour aller chercher aux marchés les provisions de bouche, est très-commode pour cet usage.

Fig. 4. *Cercal.* C'est le nom qu'on donne en Savoie à un instrument destiné à transporter le foin, soit à bras d'hommes, soit sur des ânes. Il est composé d'un quadre oblong de 22 d. m. sur 11, et porte, à chacune de ces deux extrémités, une corde avec laquelle on assujettit le foin dont on l'a chargé. On fixe l'une des cordes en la faisant passer dans la navette qui est attachée à l'autre corde.

Fig. 5. *Filet oblong à fourrage.* Il est composé de deux bâtons arqués, sur lesquel se trouve fixé un filet assez profond pour recevoir une certaine quantité de fourrage ou d'autres denrées pareilles. Lorsque le filet est rempli, on rapproche ces deux bâtons l'un de l'autre, et on les lie au moyen de la corde. On en fait usage dans quelques cantons de la Suisse pour transporter à dos d'homme le foin que l'on récolte dans les lieux escarpés.

Fig. 6. *Filet soutenu par deux demi-cercles.* Il ne diffère du précédent que par sa forme. Après avoir jeté le fourrage sur l'un des côtés, on le recouvre avec l'autre côté, et on le fixe avec la corde. On le fait servir dans le département de la Haute-Garonne, pour porter le fourrage dans les rateliers des bestiaux.

Fig. 7. *Auge à brancard.* Elle est usitée pour transporter les liquides, tels que le vin, l'eau, etc.

PLANCHE VI.

Fig. 1 et 2. *Chariot à panier.* Il sert en Andalousie à transporter le fourrage qu'on distribue aux bestiaux dans l'étable. On le conduit en prenant à la main le crochet qui termine l'extrémité supérieure du montant contre lequel s'appuie le panier. Celui-ci porte sur un train, qu'on a représenté fig. 2. On lui donne plus ou moins de grandeur selon les besoins.

Fig. 3. *Panier à fond mobile.* Il est formé par trois montants longs de 6 d. m. ¼, dans lesquels on a pratiqué une ouverture longitudinale pour recevoir des cercles de bois. Il a 6 d. m. de diamètre. Il est en usage dans plusieurs lieux pour le transport des fumiers. On fixe ces paniers sur le dos d'une bête de somme, et lorsqu'on veut répandre l'engrais, on ôte la cheville qui retient le fond; celui-ci, qui est attaché par le moyen d'une charnière, se rabat, et le fumier se répand par terre.

Fig. 4. *Traîneau en panier.* On compose ce traîneau avec deux pièces de bois de longueur inégale, qui forment un angle aigu avec deux traverses, sur lesquelles on place un panier oblong. Le tout est contenu par des chevilles de bois. Les cultivateurs de Toscane en font usage pour le transport des fumiers, récoltes, etc.

Fig. 5. *Petit chariot à panier.* On l'emploie à Florence pour voiturer à bras d'homme le fumier et autres objets.

Fig. 6 et 7. *Autre petit chariot à panier.* Les enfants s'en servent en Toscane pour ramasser les excréments sur les grandes routes. Il est composé de deux roulettes et d'un timon, sur lesquels on pose le panier. La fig. 7 représente une pêle à rebord et à manche vertical, avec laquelle on ramasse les excréments.

Fig. 8. *Chariot à levier.* Il est composé de deux roues avec un essieu et un brancard ou levier, au milieu duquel est fixé un crochet. Celui-ci sert à suspendre un seau. Cette manière de transporter l'eau est usitée dans le département de Seine-et-Marne. On ne porte ainsi que la moitié du poids de la charge.

Fig. 9. *Brouette à deux leviers.* Elle supporte deux seaux, et allége le poids, ainsi qu'on vient de le dire.

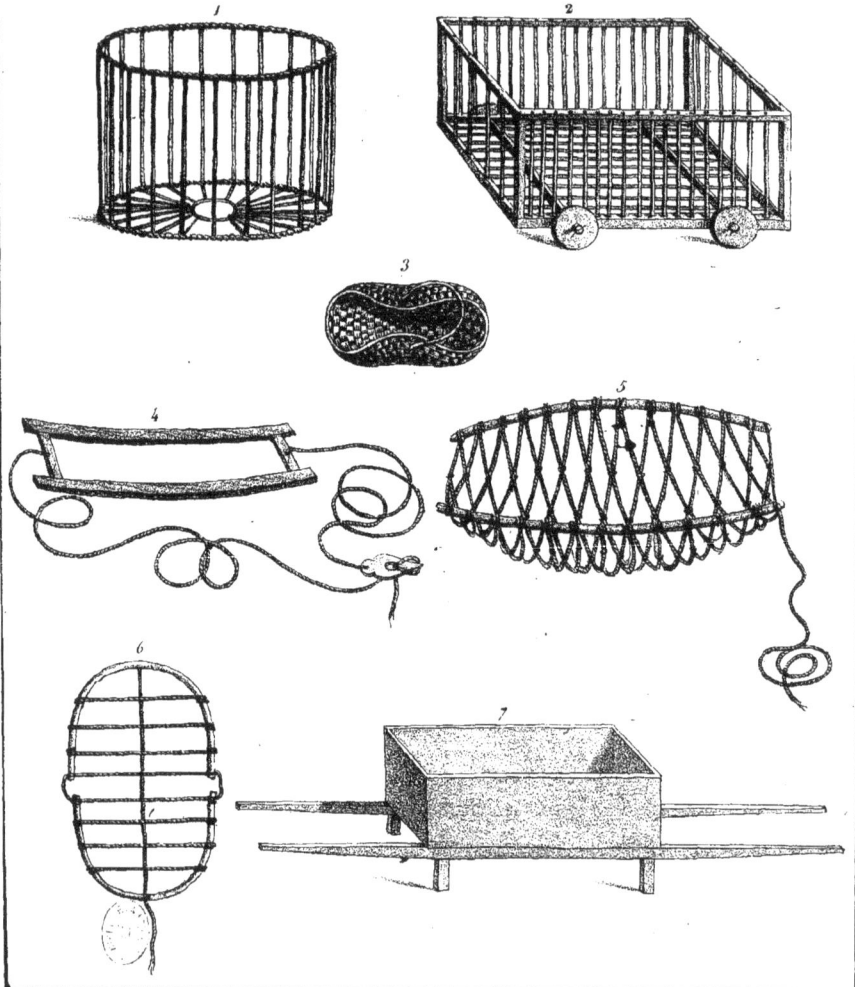

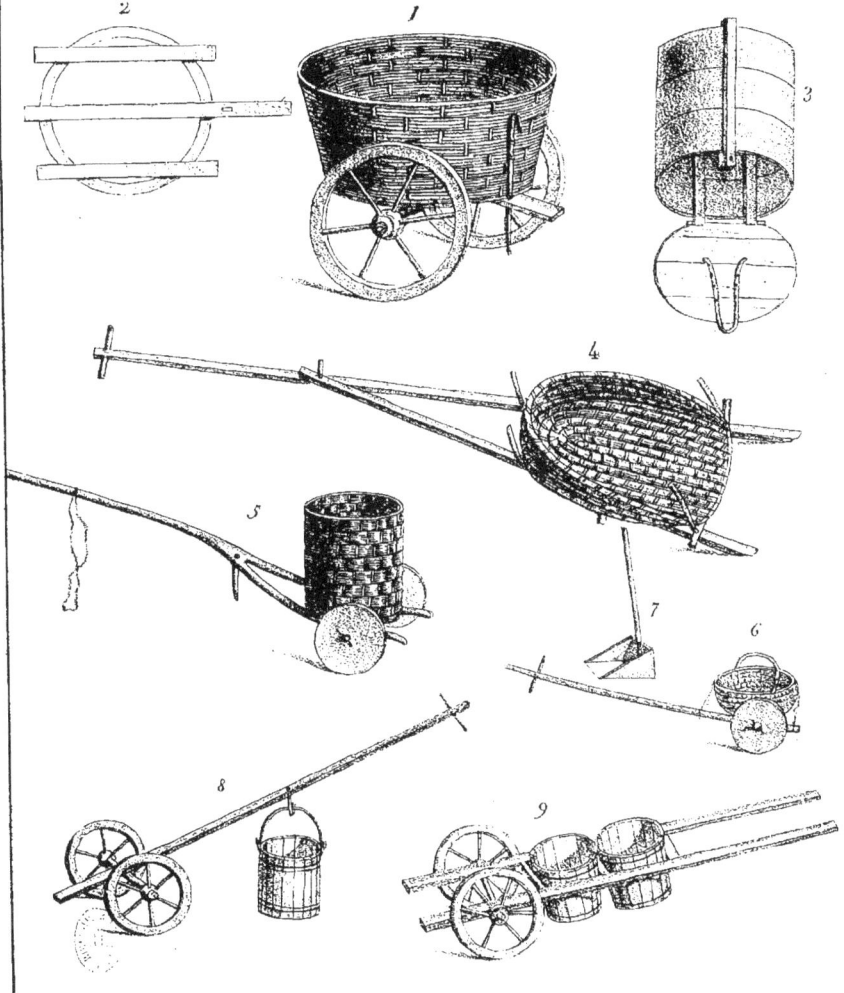

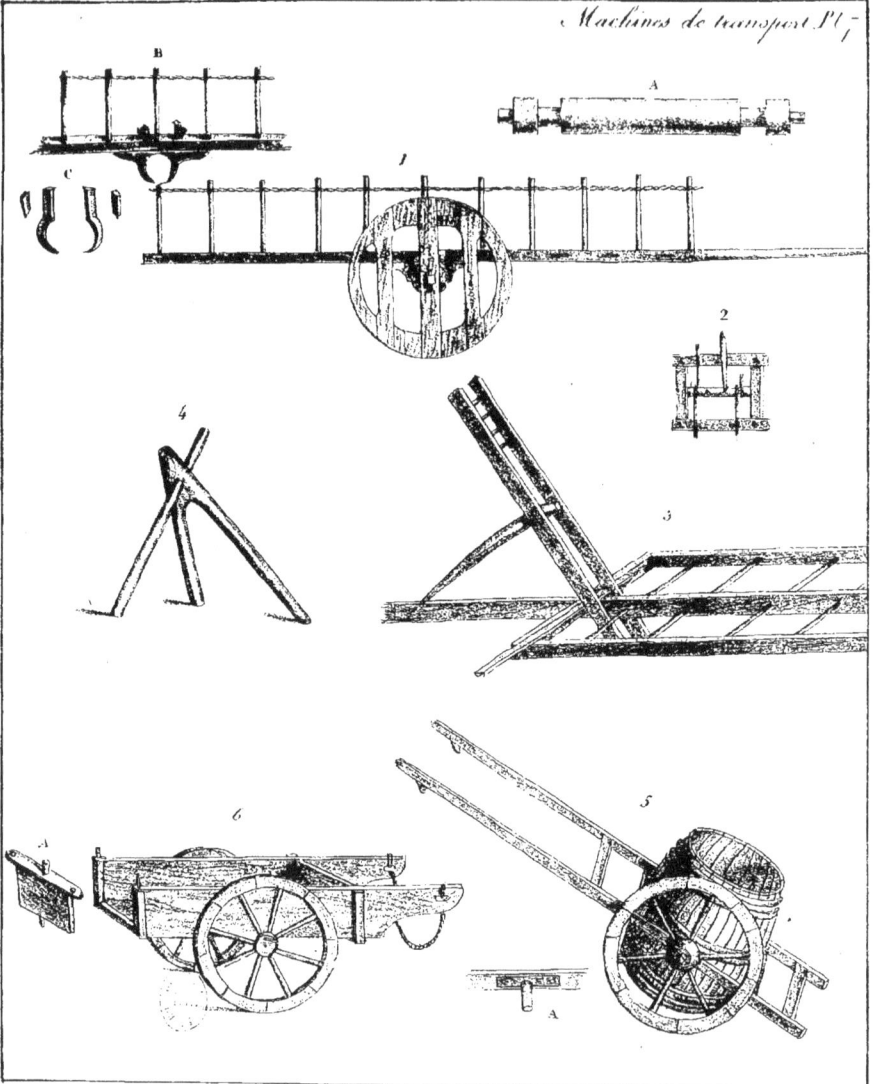

B

A

C

1

2

4

3

5

6

A

A

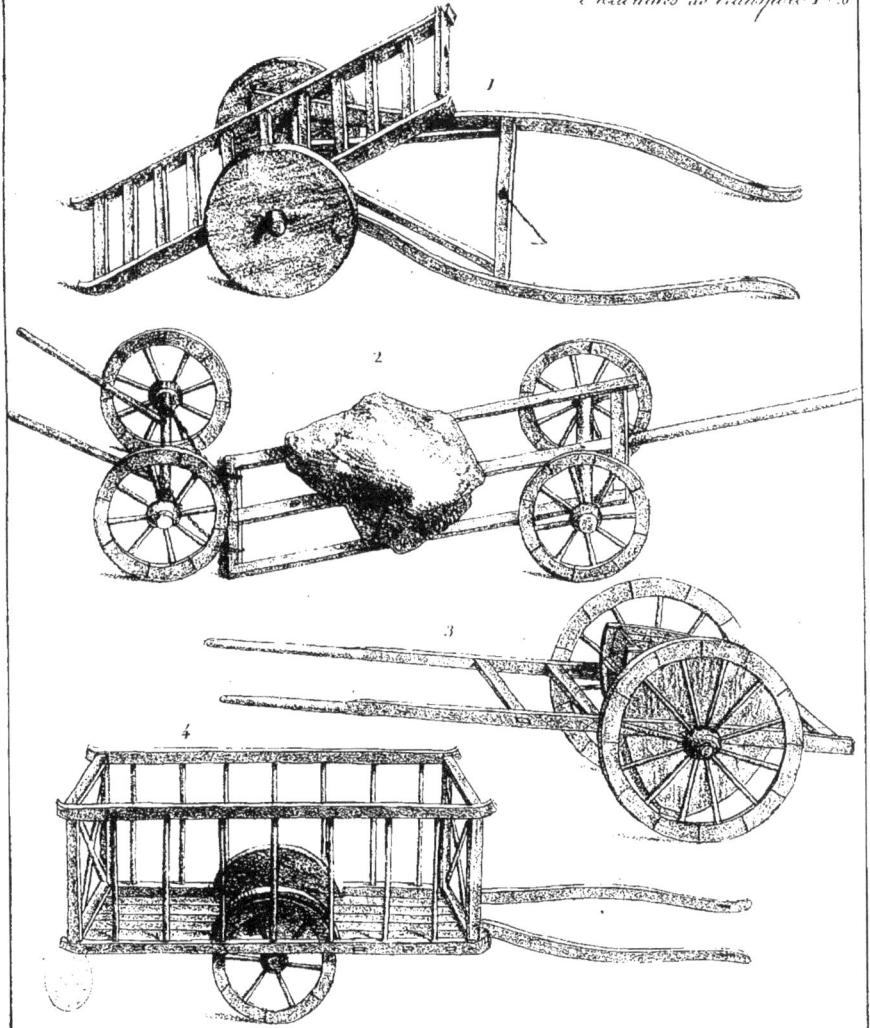

MACHINES DE TRANSPORT.

PLANCHE VII.

Fig. 1. *Charrette à essieu tournant.* Cette espèce de charrette, en usage dans la *vieille Castille*, est non-seulement remarquable par son essieu tournant, mais encore par la construction particulière de ses roues.

Trois traverses qui se terminent à la circonférence, et s'appuient à cette même circonférence contre quatre petites pièces de bois et contre deux portions de cercle, forment une roue de 12 d. m. de diamètre, à laquelle on ne met pas communément de cercle en fer. L'essieu, lettre A, est carré aux deux extrémités, afin de pouvoir être assujetti au centre de la roue. Il tourne sous la cage de la charrette B, se trouvant fixé par des coins, ainsi qu'on le voit à la lettre C.

Fig. 2. *Tourniquet de voiture.* C'est un petit cadre en bois, dans lequel tourne un cylindre, auquel viennent s'attacher les cordes qui contiennent la charge d'une voiture. On resserre les cordes en les roulant sur le cylindre qu'on fait tourner avec un petit bâton : ce moyen est simple et facile.

Fig. 3. *Escalette.* C'est ainsi qu'on nomme dans le département de la Gironde une machine que l'on place sur le devant des voitures pour contenir la charge, et l'empêcher d'incommoder les animaux. Elle est composée de deux pièces de bois longues de 23 d. m. et réunies par des traverses distantes d'un mètre. Après avoir fait entrer la partie inférieure à travers la cage de la charrette, on l'assujettit sur la flèche de la voiture par le moyen d'un soutien mobile, et en même temps avec un bâton qu'on fait passer au-dessous de la voiture dans deux mortaises pratiquées à son extrémité.

Fig. 4. *Chevron pour faciliter le chargement des charrettes.* On en fait usage dans quelques départemens pour soutenir l'extrémité des charrettes qu'on veut charger lorsqu'elles ne sont pas attelées.

Fig. 5. *Charrette à tonneau pour les irrigations.* Le tonneau est soutenu au milieu de la voiture par deux traverses. L'essieu est remplacé par deux bouts de fer qui s'attachent sur les côtés de la voiture, et qui, entrant dans le moyeu des roues, font l'office d'essieu, ainsi qu'on le voit à la lettre A. Usitée en Allemagne.

Fig. 6. *Tombereau à bras.* On l'emploie dans le canton de Glaris pour transporter les fumiers et les récoltes. Son caisson a 12 d. m. de long sur 3 de hauteur et 33 de largeur. Les brancards, qui portent à leur extrémité une courroie pour le tirage, ont 36 d. m. de long. On adapte sur le derrière une planche A, qu'on retire lorsqu'on veut décharger le tombereau.

PLANCHE VIII.

Fig. 1. *Charrette à bascule.* Elle est employée en Suède pour faciliter le chargement des pierres et autres corps pesans. Après avoir abaissé la charrette sur le derrière, on y roule les fardeaux, on la remet dans son état horizontal, et on la fixe par le moyen d'un crochet placé sur la traverse du devant. Cet instrument peut trouver des applications utiles.

Fig. 2. *Charrette à treuil.* Le corps de la charrette étant fixé sur l'essieu de devant s'isole à volonté de l'essieu de derrière. Dans cet état, il porte à terre, et facilite le chargement des corps pesans. On la soulève alors au moyen de deux chaînes fixées à l'essieu de derrière qu'on fait tourner avec des leviers, comme cela se pratique avec les treuils ordinaires. On s'en sert en Suède.

Fig. 3. *Haquet.* C'est une espèce de tombereau, dont Perronnet, architecte français, est l'inventeur. Il est remarquable par la simplicité de sa construction, par sa légèreté, et par la facilité qu'il donne à charger et à décharger. Il est destiné au transport des terres, des pierres, de certains fruits, comme les châtaignes, les noix, les pommes de terre, etc., surtout lorsque les distances sont peu considérables. Un petit cheval ou un âne peut le conduire facilement. Il suffit, lorsqu'on veut le décharger, de défaire le crochet qui a été oublié par le dessinateur, et qui, étant attaché sur la traverse du devant, tient en équilibre la caisse du haquet. Le crochet ayant été enlevé, la caisse, traversée par l'essieu sur lequel elle roule, se renverse en arrière par un léger mouvement, et laisse tomber sa charge.

Fig. 4. *Charrette à roues couvertes.* Sa construction ne diffère des autres instrumens du même genre qu'en ce que les roues, au lieu d'être placées extérieurement, se trouvent engagées dans la cage de la voiture. Elles sont recouvertes sur le côté intérieur et sur leur circonférence, afin de ne pas être arrêtées dans leurs mouvemens par les objets dont on charge la voiture. Elle est en usage en Suède.

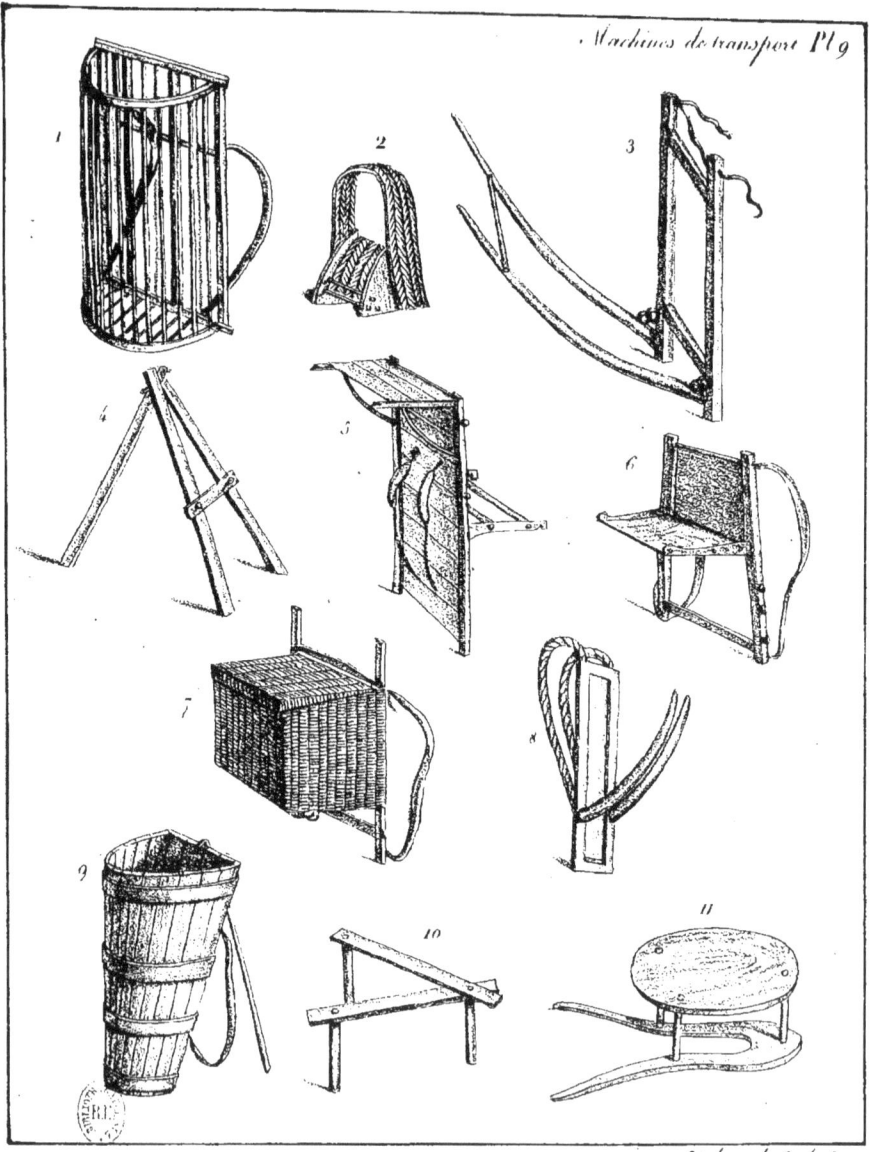

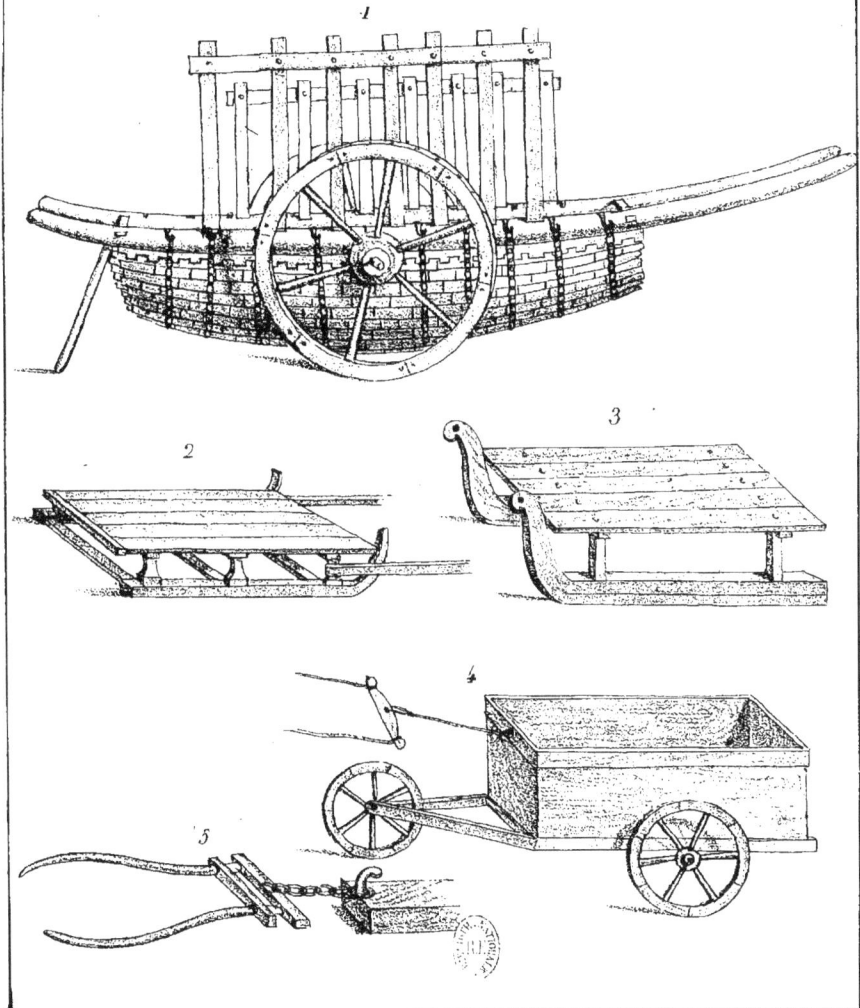

MACHINES DE TRANSPORT.

PLANCHE IX.

Fig. 1. *Hotte demi-cylindrique.* On l'emploie dans le canton d'Appenzel. Son diamètre est de 6 d. m. sur 5. Elle est commode pour porter des objets volumineux.

Fig. 2. *Fétiche.* C'est un instrument en usage dans le département de la Gironde pour porter les fardeaux. On fait entrer une partie de la tête dans l'ouverture supérieure, tandis que la partie inférieure porte sur les épaules. Elle se compose de deux planches triangulaires réunies par trois baguettes rembourrées intérieurement, et tressées en natte de corde.

Fig. 3. *Crochets à cheval.* Les montans ont 5 d. m., et leurs traverses en ont 4. Les crochets, qui sont ordinairement soutenus par les montans au moyen d'une corde, ont une longueur de 6 d. m. On ajuste sur le bât d'un cheval deux de ces crochets, qu'on fixe au moyen d'une corde.

Fig. 4. *Chevalet à charger les hottes.* On pose la hotte sur la traverse, qui se trouvant fixée à demeure par un de ses bouts, est soutenue par l'autre au moyen d'une cheville; de manière que l'instrument peut se ployer ou se dresser à volonté. Sa longueur est de 18 d. m.

Fig. 5. *Hotte à double support.* L'un des supports se trouve placé derrière le dos, et l'autre au-dessus de la tête. On en fait usage dans le Hasseli en Suisse. Elle est construite en planches légères de sapin. Elle a 11 à 12 d. m. de hauteur, et 4 d. m. de largeur; les supports ont 3 ½ d. m. de saillie. Les bretelles se fixent avec des chevilles sur les côtés inférieurs de la hotte.

Fig. 6. *Hotte à simple support.* Elle est employée en Suisse pour porter les fromages et autres objets. Sa hauteur est de 9 d. m.; sa largeur de 5 d. m. à la base, et de 36 c. m. au sommet; le support s'avance de 38 c. m.

Fig. 7. *Hotte en panier carré.* Sa dimension ordinaire est de 4 d. m. en tout sens. Usitée dans le canton d'Appenzel.

Fig. 8. *Crochet pour porter les fardeaux.* Il est fait en planches, et a deux bretelles en branches de bois tordues. Usité dans le Valais.

Fig. 9. *Hotte à liquides.* On l'emploie ordinairement dans les pays de vignoble pour transporter la vendange. On a figuré un bâton à crochet, avec lequel l'ouvrier la retient sur son dos.

Fig. 10. *Trépied pour charger les hottes.* La hotte s'appuie dans l'angle du trépied.

Fig. 11. *Sellette.* Elle est composée d'un plateau de 66 c. m. de diamètre, soutenu par trois montans fixés sur une fourchette, qui s'élargit de manière à pouvoir être placée sur les deux épaules. On l'emploie dans le canton de Berne pour porter les fromages de Gruyère.

PLANCHE X.

Fig. 1. *Charrette belge.* Elle est garnie en dessous d'un grand panier formé avec des éclisses de bois, et soutenu par des chaînes. On ne peut en faire usage que sur les chemins bien entretenus, et alors elle offre de grands avantages pour le transport des marchandises.

Fig. 2. *Traîneau à brancard.* Il a une base composée de deux pièces de bois, épaisses de 6 c. m., sur lesquelles repose, à l'élévation de 2 d. m., un plancher long de 2 mètres et large de 7 d. m. En usage dans le canton de Berne.

Fig. 3. *Traîneau ordinaire.* Il est employé dans la Lombardie pour transporter le fumier sur les prairies, et éviter ainsi les ornières produites par les roues des voitures. Son plancher, élevé de 6 d. m., a 18 d. m. de long sur 13 ¼ de large; sa base se compose de deux pièces de bois doubles, larges de 2 d. m., afin de pouvoir changer l'inférieure lorsqu'elle vient à s'user.

Fig. 4. *Charrette à trois roues.* Elle est employée dans le Tyrol, et peut l'être avantageusement dans le pays de montagnes. Le tirage se fait par un cheval, attelé à un palonnier qui se fixe sur le devant de la charrette.

Fig. 5. *Brancard pour le charriage des arbres.* On l'emploie en Suisse pour descendre les arbres du haut des montagnes. Il se fixe, par le moyen d'une chaîne, à l'arbre où l'on enfonce un crochet: l'on ne craint point de blesser les chevaux lorsque la poutre reçoit une trop forte impulsion, comme il arriverait s'ils étaient attelés à des cordes.

PLANCHE XI.

Fig. 1. *Brouette à deux rebords.* Elle est employée dans le Milanais et autres parties de l'Italie pour le transport du mortier, des fumiers, etc. Elle a l'avantage d'être très-légère, et d'être déchargée avec facilité.

Fig. 2. *Brouette en forme de caisson.* Elle est employée dans le canton de Berne pour le transport des urines des bestiaux, avec lesquelles on arrose les prairies. L'intérieur a 5 d. m. de long sur 4 de large, et 6 ½ de profondeur.

Fig. 3. *Brouette à dossier élevé.* Elle sert à voiturer le bois, les fagots, les échalas, les fumiers, etc. Elle a un dossier incliné sur la roue et soutenu par deux supports.

Fig. 4. *Brouette en gondole.* La gondole ou caisse est composée d'un fond et de côtés en clayonnage; quelquefois le fond est en planche. En usage dans les états de Suisse.

Fig. 5. *Brouette à dossier peu élevé.* Elle est du même genre que celle du n° 3, excepté qu'elle n'a pas de pieds, et qu'elle a une forme courbe. Elle est principalement usitée pour transporter les pierres aux environs de Paris et en Belgique.

Fig. 6. *Brouette à caisse en éclisses de bois.* Cette brouette, usitée dans le canton de Berne, est légère et facile à construire. On en fait aussi avec un clayonnage en osier.

Fig. 7. *Civière à trois brancards.* Comme elle est destinée à porter des pierres ou autres corps pesans, on lui donne trois brancards, afin que la charge puisse être portée par six ouvriers. Usité dans la Maurienne.

Fig. 8. *Brancard à tenons mobiles.* Les deux tenons qui unissent les manches peuvent s'écarter ou se rapprocher, ainsi que les manches eux-mêmes, par le moyen de chevilles que l'on fait entrer dans les trous dont ils sont percés à différentes distances. On peut ainsi saisir des caisses ou de grands pots de fleurs, et les transporter d'un lieu à l'autre. Usité en Italie.

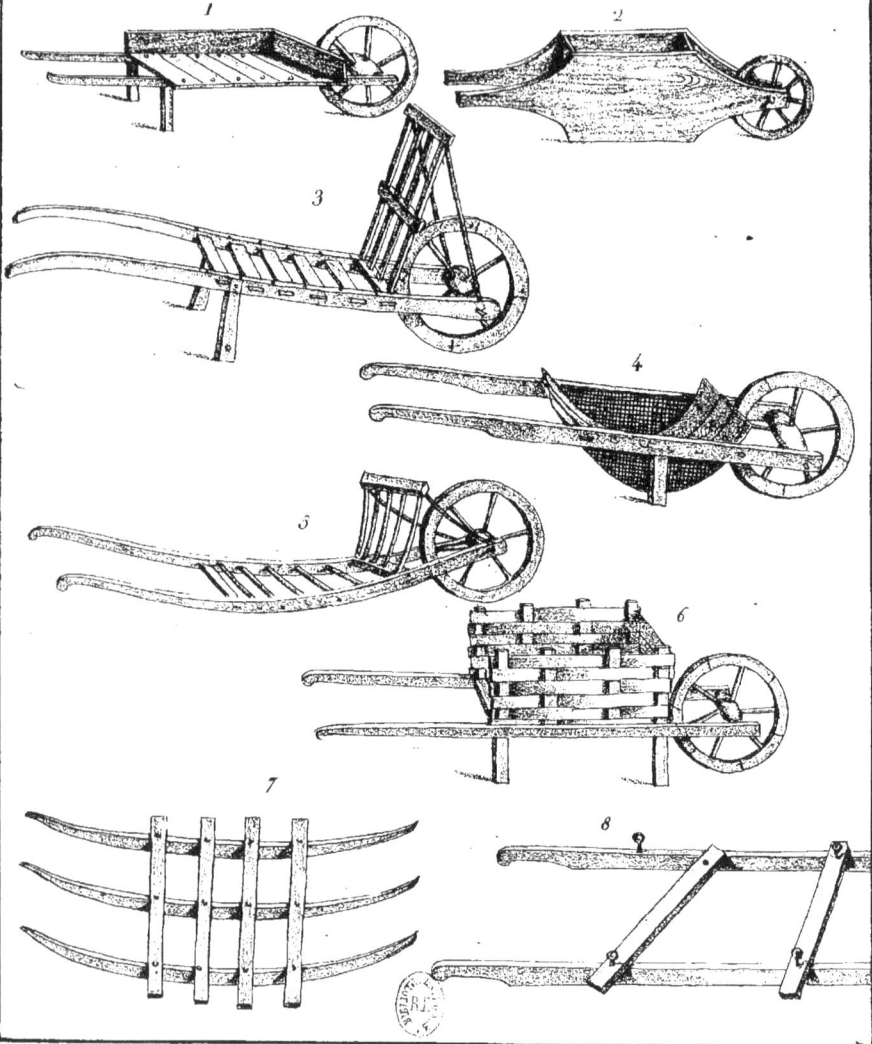

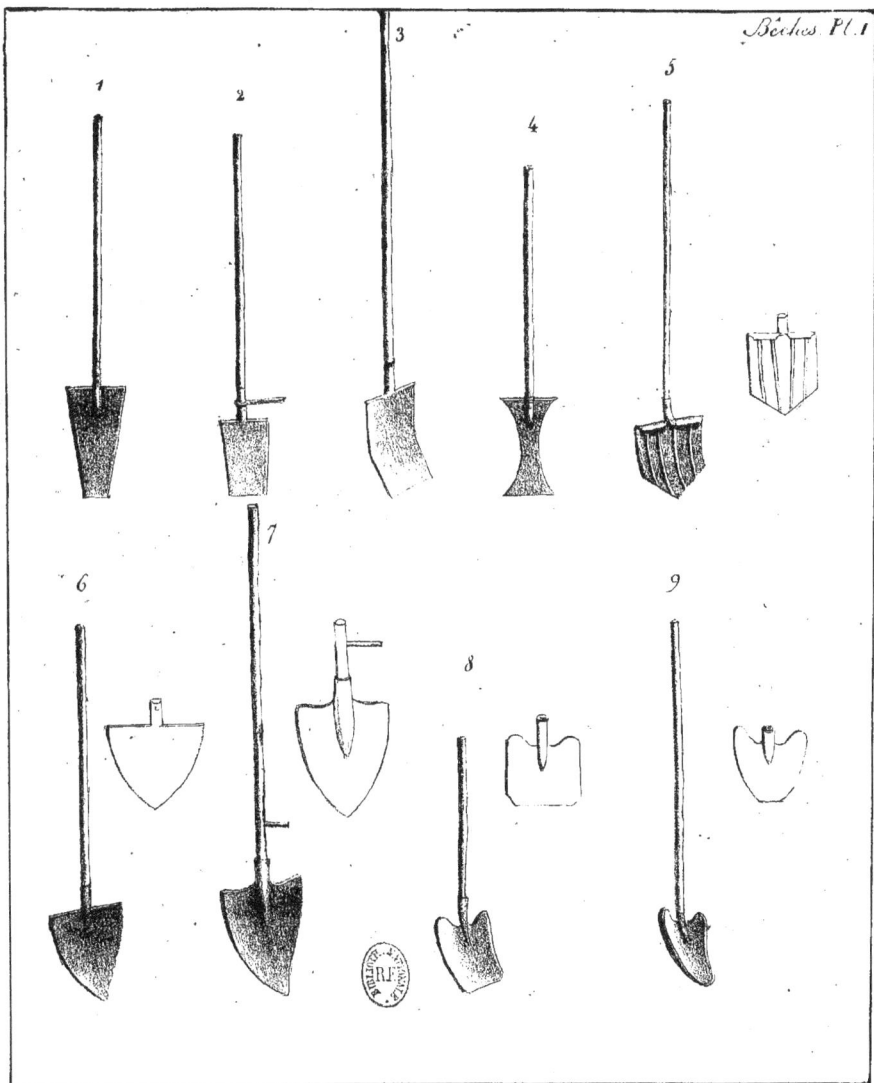

1

2

3

4

5

6

7

8

9

BÊCHES ET HOUES.

PLANCHE PREMIÈRE.

Fig. 1. *Bêche oblongue et étroite à sa partie inférieure.* Elle est employée dans la Belgique et la Hollande pour former des rigoles ou des fossés profonds et étroits dans les prairies, ou dans les terres à grain, lorsqu'il s'agit de donner de l'écoulement aux eaux trop abondantes, qui pourraient nuire aux récoltes. Son manche a 8 décimètres de longueur. Sa lame, longue de 4 décimètres, a, dans sa partie supérieure, une largeur de 20 centimètres et quelquefois de 25, et de 7 à 8 centimètres à sa base. Les parties supérieures, à droite et à gauche du manche, sont ordinairement surmontées d'une plaque de fer longitudinale, qui présente au pied de l'ouvrier une surface plus large que ne serait l'épaisseur de la lame.

Fig. 2. *Bêche ordinaire avec un hoche-pied mobile.* Dans quelques endroits, et sur-tout en Languedoc, on adapte au-dessus du fer de la bêche un support ou *hoche-pied* long de 8 centimètres, large de 3 et épais de 8 millimètres. Il porte à l'une de ses extrémités une ouverture ronde dans laquelle on fait passer le manche, afin de le fixer sur la douille, soit du côté droit, soit du côté gauche. On trouve un avantage à se servir d'un hoche-pied, sur-tout lorsque le fer de la bêche est usé, par la raison qu'on peut enfoncer son tranchant plus avant dans le sol. Le manche a une longueur de 9 décimètres, sur un diamètre de 3 ½ centimètres.

Fig. 3. *Bêche à lame courbe.* Son manche a de 16 à 20 décimètres, son fer porte une longueur de 40 centimètres sur une largeur de 22. Elle est employée en Lombardie pour creuser les rigoles d'irrigation. La courbure de la lame fa-cilite ce travail ; les ouvriers peuvent enlever ainsi une plus grande quantité de vase ou de terre délayée dans l'eau.

Fig. 4. *Bêche à fer élargi à ses deux extrémités.* Ce fer a 35 ou 36 centimètres de long, sur 16 à 17 à ses deux extrémités, et 7 ½ dans la partie la plus étroite. Le manche a 9 décimètres de long. Cette bêche est usitée dans le département de la Garonne, où elle porte le nom de *fureye.* On l'emploie à creuser les fossés, et même pour labourer les terres compactes et humides. Elle a l'avantage d'être très-légère, et par conséquent de faciliter le travail dans ces sortes de terres.

Fig. 5. *Bêche à nervure, recourbée.* La longueur du fer sur les côtés est de 24 centimètres, et de 30 depuis son sommet jusqu'à sa pointe. Sa largeur est de 23 centimètres.

Elle est garnie de quatre nervures, qui permettent de lui donner moins d'épaisseur, et de la rendre ainsi plus légère, sans nuire à la solidité. On lui ménage une petite courbure dans la fabrication, ainsi que de petits rebords sur les côtés et à sa partie supérieure, ce qui la rend plus propre à contenir une plus grande quantité de terre.

Cet instrument est en usage dans la Belgique pour les travaux des champs, et sur-tout pour ceux du jardinage.

Fig. 6. *Bêche de forme triangulaire à large fer.* Ce fer a trois décimètres de long, et 27 dans sa plus grande largeur. Elle est usitée aux environs de Rome, et peut trouver un emploi utile dans les terrains légers, où le sable et les graviers dominent.

Fig. 7. *Bêche triangulaire recourbée.* Son manche a 14 ½ décimètres. Le fer est long de 43 centimètres. Il a dans sa partie supérieure 29 centimètres et environ 20 à son milieu. On fixe dans le manche, à une certaine élévation du fer, une cheville ou languette de fer qui ressort de 12 centimètres, qui sert à appuyer le pied, de manière à pouvoir donner une grande profondeur au labour. Procédé toujours avantageux, lorsqu'on travaille sur un fonds de bonne qualité. On peut ainsi renouveler la surface du terrain. Cet instrument est employé en Hollande.

Fig. 8. *Bêche à oreilles, et à tranchant carré.* On en fait usage dans les jardins de la Belgique.

Son fer a une forme recourbée et concave, ce qui le rend propre à jeter la terre à une certaine distance. Il a 25 centimètres dans sa plus grande longueur, et 18 dans sa plus petite; sa largeur est de 15 centimètres environ : le manche a 13 décimètres.

Fig. 9 *Bêche à oreilles et à tranchant pointu.* Les jardiniers de la Belgique s'en servent pour travailler la terre qui a reçu un premier labour. Son manche a 15 décimètres de long. Son fer, de forme concave, a 23 à 24 centimètres dans sa plus grande longueur, et 20 dans la plus petite. Il est large de 24 centimètres.

PLANCHE II.

Fig. 1. *Houe à fer long et étroit.* Son manche, qui a 8 décimètres de long, entre dans une douille recourbée, longue de 17 centimètres. La lame, qui forme un angle très-aigu avec le manche, a 4 décimètres de long. Sa plus grande largeur est de 12 décimètres, et sa plus petite de 8. Elle est employée dans la Catalogne, aux travaux des champs et à ceux de la vigne.

Fig. 2. *Houe à fer triangulaire.* On en fait usage en Espagne dans les terrains pierreux pour la culture de la vigne, pour les semis de pois, haricots, etc. Le fer a 20 centimètres à sa base, et 33 dans sa longueur. Il forme avec le manche une ouverture de 70 degrés.

Fig. 3. *Houe à fer arrondi.* Cet instrument dont la lame est très-épaisse, est employé dans la campagne de Rome, au travail des terres fortes. Cette lame a 3 ½ décimètres de long, sur 3 dans sa plus grande largeur.

Fig. 4. *Houe de forme carrée.* C'est la houe avec laquelle s'exécutent presque tous les travaux de jardinage et ceux des champs, dans le royaume de Valence, où la culture est portée à un haut degré de perfection. La lame a 22 centimètres du côté du manche, et 20 seulement sur les trois autres côtés. Elle est attachée au manche par une douille bifurquée, et reployée sur elle-même; son manche, qui doit être un peu plus recourbé que ne le représente le dessin, a 48 centimètres de long. La distance perpendiculaire qui se trouve entre le

manche et le tranchant de la lame, est de 2 décimètres.

Fig. 5. *Houe à large fer rétréci à son tranchant.* Elle est en usage en Catalogne. Son manche a 8 ½ décimètres. La longueur du fer est de 3 ½ décimètres sur 29 du côté du manche, et de 21 à son extrémité. Elle est appropriée aux terrains légers.

Fig. 6. *Houe à fer oblong.* Cet instrument, qui a de l'analogie avec le précédent, est employé par les cultivateurs du royaume de Valence, aux divers travaux de la campagne. Son manche recourbé a une longueur de 8 centimètres. Il offre une distance perpendiculaire au-dessus du tranchant de la lame, de 2 décimètres. Celle-ci a 3 décimètres de long sur 22 de large.

Fig. 7. *Houe élargie sur ses côtés.* On s'en sert dans le Haut-Valais pour travailler la terre que l'on ramène du bas en haut, afin de prévenir la dégradation des pentes rapides. Elle a 47 centimètres dans un sens, et 28 dans l'autre. Son manche a 13 décimètres de long.

Fig. 8. *Houe à fer orbiculaire.* Elle est usitée dans le royaume de Grenade, et peut être appropriée aux terrains d'une consistance moyenne. Le manche, qui forme un angle de 45 degrés avec la lame, a 7 décimètres de long. Celle-ci a une longueur de 29 centimètres. Sa plus grande largeur est de 27 centimètres, et sa moindre de 22.

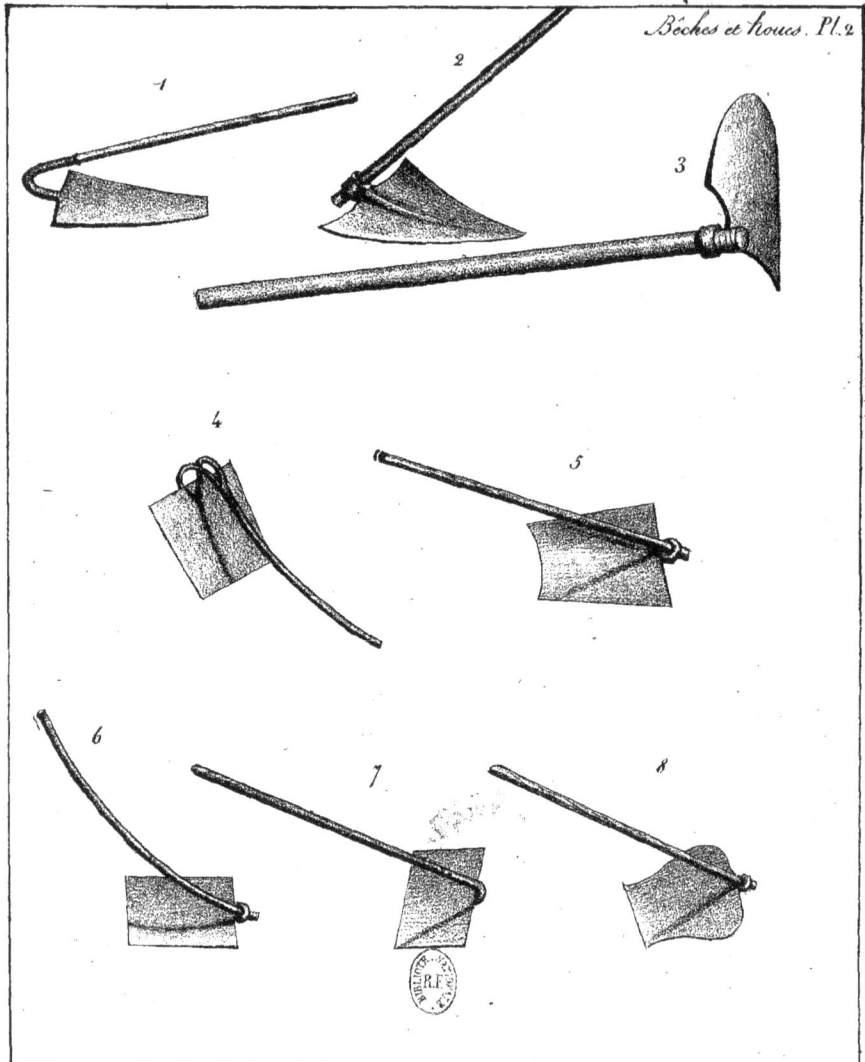

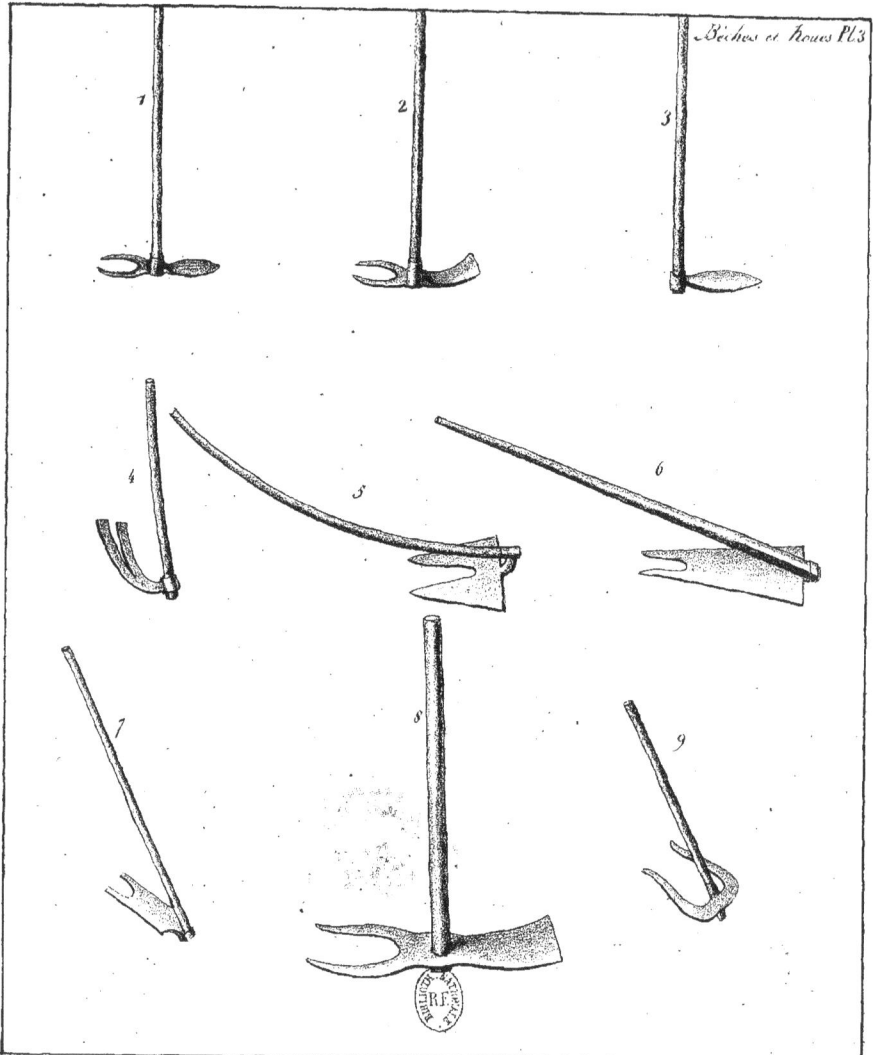

Lithog. de C. de Last.

PLANCHE III.

Fig. 1. *Serfouette à lame arrondie.* Elle ne diffère de la suivante que par la forme arrondie de sa lame, qui se trouve plus propre à biner les plantes rapprochées et délicates. On donne ordinairement 15 décimètres de longueur au manche de ces instruments.

Fig. 2. *Serfouette ordinaire à lame carrée.* Cet instrument, usité dans tous nos jardins, sert à biner les terres, et à détruire les herbes parasites. On lui donne diverses dimensions selon la qualité des terres ou les genres de travaux auxquels on le destine.

Fig. 3. *Pioche ovale.* On l'emploie dans la culture des arbres et des autres plantes, en France et dans d'autres pays. Son fer est long de 18 à 24 centimètres, et le manche a 9 décimètres.

Fig. 4. *Houe à deux branches recourbées, obtuses.* Cet instrument est d'un bon usage dans les terres fortes et compactes, dans les champs pierreux ou abondants en chiendent. Son manche est long de 75 centimètres. Son fer bifurqué à 35 centimètres de longueur. Ses branches portent 60 à 65 millimètres de largeur, et offrent une distance de 40 millimètres à leur extrémité. Il est en usage en France.

Fig. 5. *Hoyau bifurqué profondément.* Il est connu sous le nom de *peat*, dans le Médoc, où on le fait servir aux travaux de la vigne. Son manche, long de 14 décimètres, forme un angle de 13 degrés, mesuré sur le milieu de la la lame. Celle-ci a 28 centimètres dans la plus grande largeur, 33 dans sa longueur, et 27 dans sa bifurcation.

Fig. 6. *Hoyau à long fer, rétréci à sa pointe, ayant une petite bifurcation.* En usage dans la campagne de Tarragone, pour la culture des terres fortes ou pierreuses. La longueur du fer, jusqu'à la bifurcation, est de 27 centimètres; elle en a 14 de ce point à l'extrémité. Sa plus grande largeur vers le manche est de 22 centimètres. Celui-ci, qui a 11 décimètres de long, forme un angle aigu, dont la base, prise sur une ligne qui s'éleverait verticalement de l'extrémité de la bifurcation, aurait 2 décimètres.

Fig. 7. *Hoyau légèrement bifurqué, peu rétréci à son tranchant.* On en fait usage dans les terrains pierreux, aux environs de Tarragone. Son manche a 12 décimètres de long. Le fer, à prendre de son emmanchement jusqu'au point où il se bifurque, a 2 décimètres, et 1 de ce point à son extrémité.

Fig. 8. *Serfouette à grandes dimensions.* Elle peut être employée dans les champs pour biner, et pour butter les racines et diverses autres plantes.

Fig. 9. *Houe à fer-à-cheval.* Elle est employée dans la campagne de Rome, pour travailler les terres fortes et tenaces. Son manche, long de 7 décimètres, se fixe dans une douille recourbée. Les deux branches, longues de 20 centimètres, présentent une surface de 12 centimètres d'un côté extérieur à l'autre.

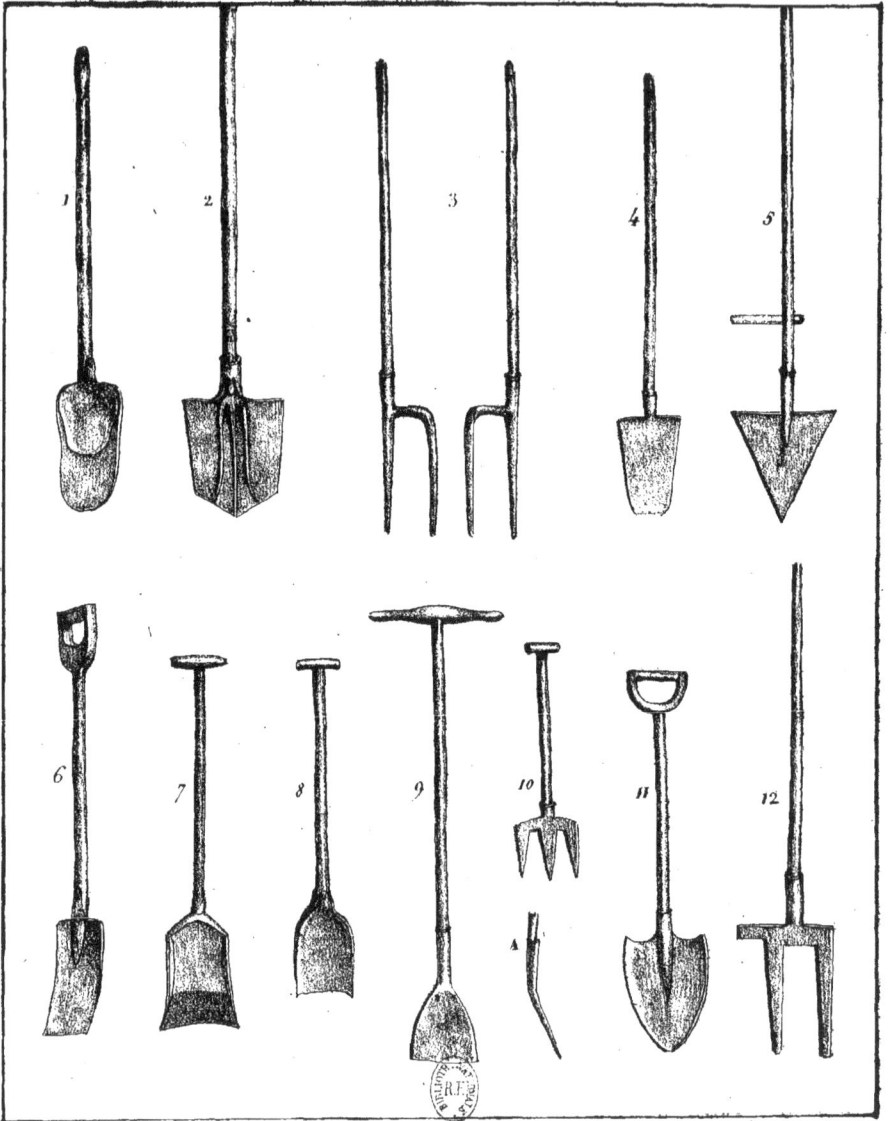

BÊCHES ET HOUES.

PLANCHE IV.

Fig. 1. *Bêche à lame en bois et en fer.* Elle est usitée dans plusieurs départemens de France. La portion de la lame qui est en bois forme une seule pièce avec le manche. Elle s'insinue à son extrémité dans une gouge pratiquée dans la lame, et les côtés supérieurs de celle-ci vont se rattacher avec des clous à la naissance du manche. Le manche à 70 d. m.; la lame a 22 c. m. de large. La portion en bois est épaisse de 2. c. m.

Fig. 2. *Bêche à nervures de la Belgique.* Sa lame, longue de 35 c. m. du sommet à la pointe, et large de 24 c. m., est retenue par une petite languette à crochet, longue de 8 c. m.; les nervures permettent de donner moins d'épaisseur au fer sans nuire à la solidité. Il reçoit dans sa fabrication une courbure, et on ménage de petits rebords sur les côtés et près du manche, ce qui le rend propre à contenir une plus grande quantité de terre.

Fig. 3. *Fourches à bêcher.* Ces fourches sont employées dans la Biscaye à labourer les champs. Elles ont un manche long d'un mètre et demi, qui s'ajuste dans une gouge fermée par la prolongation d'une des dents de la fourche. Celle-ci se lie à la seconde dent par un retour d'équerre qui sert d'appui au pied de l'ouvrier : elles ont 40 c. m. de long. On voit dans les champs de la Biscaye quinze à vingt ouvriers qui, rangés sur la même ligne, labourent la terre avec ces fourches : ils les placent verticalement, ils mettent un pied sur la fourche à gauche, puis l'autre pied sur la fourche à droite, et ils les enfoncent en se balançant au-dessus, enfin ils soulèvent et retournent le terrain en saisissant le manche.

Fig. 4. *Bêche ordinaire.* Elle est usitée aux environs de Paris.

Fig. 5. *Bêche triangulaire.* On l'emploie en Italie dans les terrains très-argileux. Son fer a 32 c. m. de long sur 25 dans sa plus grande largeur. Son manche, qui a 14 d. m. de long, est garni d'un hochepied long de 14 c. m., qui sert à lui donner un plus grand enfoncement en terre. Elle est très-propre au creusement des rigoles profondes.

Fig. 6, *Bêche à lame double à sa partie su-* périeure. Son manche, qui porte une poignée à son extrémité, s'enfonce par l'autre bout dans une cavité de la lame, et se fixe à celle-ci par deux languettes qui sont formées par une prolongation de cette lame : cette dernière a 30 c. m. de long sur 12 de large. Le manche a 1 mètre de long. On l'emploie à labourer la terre et à vanner les grains; c'est pour cela qu'on lui donne une forme courbe et un peu concave.

Fig. 7. *Bêche en forme de pelle.* C'est une pelle ordinaire en bois, au bout de laquelle on adapte une forte tôle qui embrasse des deux côtés l'extrémité de la pelle. Cette lame a 11 c. m. de hauteur sur 22 de largeur. Le manche, terminé par une béquille de 14 c. m., a une longueur de 70 c. m.; c'est un excellent instrument pour remuer les grains, la terre, le sable, etc. Il est usité en Belgique.

Fig. 8. *Bêche à lame ouverte dans sa partie* supérieure. Le manche, long de 8 d. m., taillé à son extrémité inférieure en forme de bêche, est reçu dans la division supérieure de la lame, ainsi que l'indique la ligne ponctuée. Cette lame est longue de 23 c. m. et large de 18. Elle se termine par une languette qui se cloue contre le manche. Elle est usitée en Languedoc.

Fig. 9. *Bêche pour enlever les gazons.* On l'emploie dans le canton de Glarus. Sa lame, coudée ainsi que l'indique la figure A, a 21 c. m. de large et 23 de long. Sa douille, longue de 28 c. m., reçoit un manche long de 12 d. m.: la poignée est longue de 5 d. m.

Fig. 10. *Fourche à trois dents plates.* Elle est employée en Catalogne pour labourer les terres argileuses. Sa forme lui donne l'avantage sur les fourches à dents rondes lorsqu'il s'agit de soulever la terre et de la retourner. Elle pénètre plus facilement dans le sol que les bêches ordinaires.

Fig. 11. *Bêche de forme ovoïde.* Sa forme lui donne une entrure facile dans la terre. On en fait usage en Allemagne.

Fig. 12. *Fourche à deux dents plates.* On l'emploie dans la culture des environs de Toulouse. Elle porte une prolongation de fer dans sa partie supérieure qui facilite la pose du pied.

PLANCHE V.

Fig. 1. *Houe ordinaire.* Elle a un fer plus large à l'extrémité qu'à la base. Elle varie dans les dimensions selon les besoins.

Fig. 2. *Houe à large fer triangulaire.* De même que la précédente.

Fig. 3. *Houe à fer allongé et étroit.* Elle est employée en Catalogne pour former ou nettoyer les rigoles : on la nomme *bocalia*. Son manche a 9 d. m. : la longueur du fer est de 4 d. m. ; il a 4 c. m. ½ à son extrémité, et 1 d. m. dans sa plus grande largeur.

Fig. 4. *Houe à trois dents.* Elle remplace la bêche pour le travail de la terre dans plusieurs lieux.

Fig. 5. *Houe à fer allongé et large.* On s'en sert en Champagne pour travailler les vignes. Son manche à 9 , d. m., de long, et son fer 3 ½ d. m. ; sa plus grande largeur est 1 ½ d. m., n'ayant qu'un d. m. à son extrémité. Les bords sont un peu relevés, et la lame un peu concave, en forme de gouttière. La courbure du manche facilite le travail de l'ouvrier. On emploie au sarclage des vignes un instrument pareil à celui-ci, mais dont les formes sont moitié plus petites.

Fig. 6. *Houe à deux dents rapprochées vers leur extrémité.* On s'en sert en Champagne pour le travail de la vigne, dans les sols pierreux ou argileux. On le nomme *croc ;* sa lame a la même longueur que la précédente. La largeur moyenne des branches est de 4 ½ c. m. ; leur épaisseur extérieure est de 1 centimètre, tandis que l'épaisseur intérieure n'est que de 8 m. m. Elles diminuent d'épaisseur et de largeur vers leur extrémité.

Fig. 7. *Houe à trois dents écartées.* Elle est en usage dans le royaume de Valence pour le travail des terres tenaces. Les dents, longues de 2 d. m., se rattachent au manche par une double

prolongation du fer, qui se recourbe et porte une douille pour un manche long de 45 c. m.

Fig. 8. *Houe à lame triangulaire tronquée.* Son manche a 7 ½ d. m. de long ; sa lame, dont les bords sont relevés sur les côtés, a 3 d. m. de long, 15 de large vers le manche, et 11 à l'extrémité opposée. On l'emploie dans la campagne de Tarragone pour l'irrigation des jardins et des champs.

Fig. 9. *Houette triangulaire.* Ce petit instrument est en usage dans le département des Pyrénées-Orientales pour arracher les plantes parasites qui croissent parmi les légumes.

Fig. 10. *Houe à large fer triangulaire.* Son manche, légèrement recourbé, a 15 d. m. de long ; le fer en a 3. La largeur moyenne de ce dernier est de 2 c. m., et la plus grande largeur, à son extrémité, de 24 c. m. Les vignes, dans le département de la Gironde, se façonnent avec cette houe. On emploie pour les binages, dans divers endroits, un pareil instrument, dont la lame, qui est beaucoup plus petite, n'a que 15 c. m. de largeur.

Fig. 11. *Houette carrée.* En usage dans le royaume de Valence pour extirper les herbes parasites et biner les récoltes. Sa lame porte 12 c. m. sur ses côtés, excepté à son tranchant, qui n'en a que 10. Son manche, un peu recourbé, a 4 d. m. de long ; il entre dans une douille à peu près parallèle à la lame.

Fig. 12. *Houe à deux larges dents et à manche très-relevé.* Ce manche, qui se relève verticalement à la lame, a 7 d. m. de long. Le fer dont il est armé se divise en deux branches longues de 3 ½ d. m., et larges à leur extrémité de 6 à 7 c. m. La courbure de son manche rend le travail moins fatigant pour les ouvriers. On l'emploie dans les terrains graveleux et argileux.

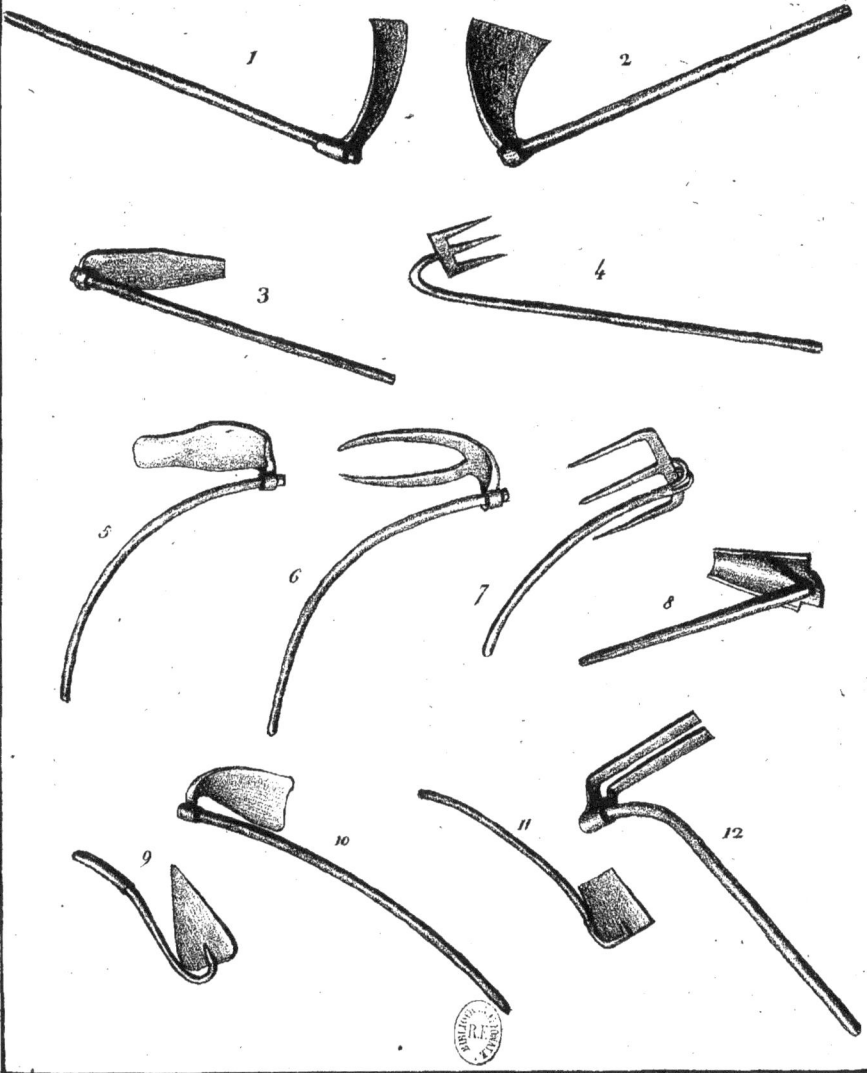

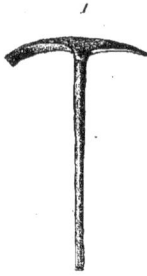
1

2

3

4

5

6

7

8

Lithog. de C. de Last

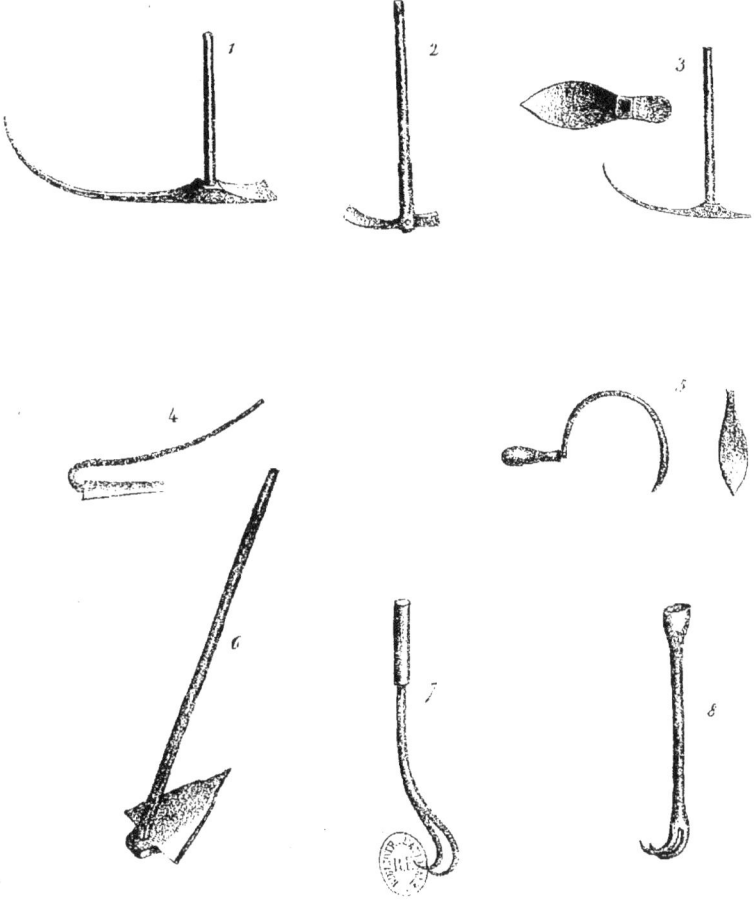

PICS.

PLANCHE PREMIÈRE.

Fig. 1. *Pic à un tranchant.* Il est employé à défoncer les terres caillouteuses ou compactes et dures. La partie qui forme le tranchant est longue de 20 c. m., et celle du côté opposé, de 21. Le manche est souvent affermi par deux languettes longues de 25 m. m., qui sont une prolongation du fer, et qui servent à donner une plus grande solidité au manche.

Fig. 2. *Pic à marteau.* Il sert à enlever et à briser le roc des terrains qu'on veut mettre en culture. Le côté pointu a 3 d. m. de long. Le fer de cet instrument est ordinairement prolongé en deux lames longues de 1 ¼ à 2 d. m. sur 45 m. m. de large, qui, embrassant le manche, y sont fixées par des clous, et contribuent à l'établir d'une manière très-solide. Il est en usage dans plusieurs endroits.

Fig. 3. *Pic à fer tranchant et recourbé.* Il est employé dans la Catalogne à la culture du noisetier, dans des terrains pierreux. Il est formé par un double fer recourbé, dont une des lames est tournée dans le plan du manche et l'autre dans le sens contraire. Celle-ci, qui a 35 c. m. de long et 5 c. de large, sert à travailler la terre, et l'autre, un peu plus longue, est employée à couper les chicons, les racines et les pousses du pied qui doivent être retranchées : elle a 2 ¼ c. m. de large.

Fig. 4. *Pic avec une hache.* Il est employé pour la culture de la vigne dans la campagne de Tarragone en Espagne. Son manche a 8 d. m. ¼ de

long. Le fer, qui sert à fouiller la terre, a 3 d. m. de long. La partie opposée, qui porte un tranchant propre à couper les racines ou les branches inférieures de la vigne, a 1 d. m. de long.

Fig. 5. *Pic à double tranchant.* Il est employé au défonçage des terres. Les taillants, dont l'un est tourné dans le sens vertical du manche et l'autre dans le sens opposé, sont employés à couper les racines qu'on rencontre dans les terrains qu'on défriche. Le manche est affermi par deux languettes; il a 8 d. m. de long; les fers ont chacun 35 c. m. de long, avec un tranchant large de 6 c. m. environ.

Fig. 6. *Grand Pic à double tranchant.* Il diffère peu du précédent, si ce n'est par ses dimensions. On en fait usage dans les terrains forts et compactes.

Fig. 7. *Grand Pic avec un tranchant.* C'est un bon instrument pour défoncer le terrain tenace ou pierreux. Il demande, ainsi que le précédent, des ouvriers vigoureux. Son manche a 8 d. m. Le côté pointu a 39 c. m. Il est carré, et il porte vers son milieu, sur chacune de ses faces, 3 c. m. Le côté tranchant a 36 c. m. de long, et sa largeur vers son milieu est de 65 m. m., et de 85 à son extrémité. Il est surtout usité aux environs de Paris.

Fig. 8. *Pic ordinaire.* Son fer, terminé en pointe, a dans sa grosseur moyenne 25 m. m., sur 3 d. m. de longueur. Son manche est long de 8 d. m.

PLANCHE II.

Fig. 1. *Pic à longue pointe et à tranchant.* Il est employé pour travailler la vigne dans des

terrains graveleux aux environs de Vevey en Suisse. Son bec est long de 52 c. m.; il a

8 m. m. vers son extrémité, 15 à son milieu et 20 vers le manche. La partie tranchante est longue de 11 c. m. et large de 52 m. m. Le manche a 3 d. m. de long.

Fig. 2. *Pic ou Pioche à marteau.* Il sert à travailler la terre et à d'autres usages domestiques. Le côté tranchant est long de 12 c. m. et large de 7 c. m. Le marteau a 12 c. m. de long; le manche en a 80.

Fig. 3. *Pic ou Houette.* Usité dans le Valais pour le jardinage. Son manche a 3 d. m. de long; son fer 9 c. m. de large, et 18 de long dans son plus grand côté, et 5 c. m. de long sur 4 de large de l'autre côté. C'est un petit instrument commode pour nettoyer les cultures de jardins.

Fig. 4. *Pic ou Sarcloir.* Ce petit sarcloir est usité dans le royaume de Valence pour briser la terre et arracher les herbes parasites. On le tient d'une seule main lorsqu'on travaille, et on enlève de l'autre les herbes lorsqu'elles sont arrachées. Il a un manche très-court. Sa lame est longue de 15 c. m. et large de 3 ou 4. C'est un bon instrument de jardinage, dont on se sert aussi pour ensemencer les légumes. On l'enfonce pour cela dans la terre, puis on le relève un peu en l'inclinant, et l'on jette de la main gauche la semence au-dessous de sa lame. L'ouvrier porte suspendu à sa ceinture un panier où sont les semences. Cette manière de procéder est très-rapide.

Fig. 5. *Pic almocafre.* Instrument apporté en Espagne par les Mores. Il est usité dans une grande partie de cette péninsule pour extirper les plantes parasites dans les jardins, et même dans les champs. L'ouvrier le tient de la main droite, et se sert de la main gauche pour extraire hors de terre les plantes qu'il a déracinées avec la pointe de l'almocafre. Il a la forme d'une faucille dont le fer serait large à son extrémité, et dont le plan serait perpendiculaire à l'axe du manche. Il est à regretter que ce précieux instrument ne soit pas dans les mains de tous nos jardiniers. Il expédie avec autant de rapidité que de perfection le travail du sarclage.

Son manche a 11 c. m. de long. Son fer, qui décrit un demi-cercle, dont la corde a 16 c. m. de long, se termine vers son extrémité par une pointe de lance figurée à côté de l'instrument, longue de 2 d. m., et qui a dans sa plus grande largeur 6 c. m.

Fig. 6. *Pic à large fer triangulaire.* Son manche a 1 mètre de long. Son fer a une largeur de 18 c. m. à la partie la plus voisine du manche, et une longueur de 35 c. m. sur les deux côtés de l'angle. La distance verticale qui se trouve entre la pointe du fer et le manche est de 2 d. m. ½. On l'emploie dans la campagne de Tarragone pour labourer la vigne et les champs. C'est un instrument recommandable dans les terres tenaces ou pierreuses.

Fig. 7. *Pic à fourchette arrondie.* Cette espèce de griffe est en usage aux environs de Perpignan. On s'en sert pour arracher les herbes parasites, pour donner un léger binage à la terre, et pour arracher certains légumes. Il a 3 d. m. ½ ou 4 de longueur totale.

Fig. 8. *Pic à fourchette et à palette.* Il est employé dans le canton de Zurich pour biner la terre entre les plantes. La palette, placée à l'autre extrémité, sert à déraciner et à enlever ces mêmes plantes. (Le dessinateur a représenté cette extrémité en forme de douille; c'est une erreur.)

1

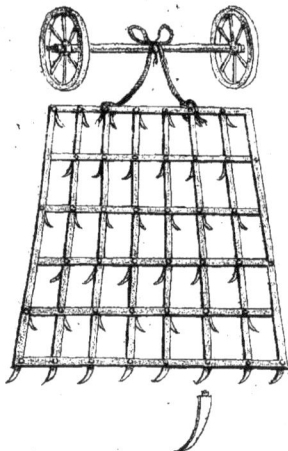

2

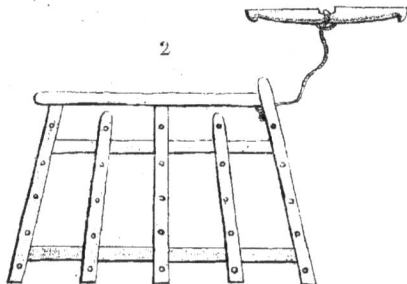

3

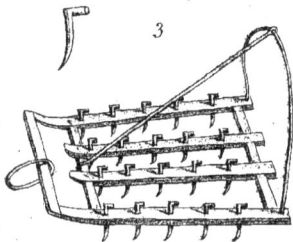

4

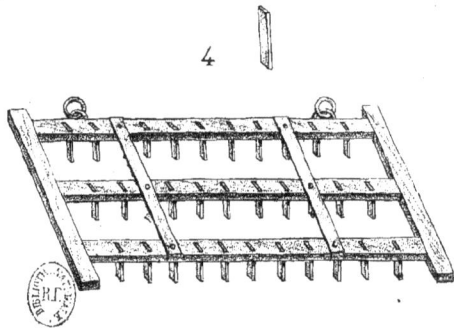

Lithog. de C. de Last.

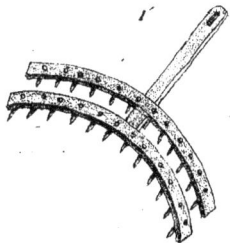
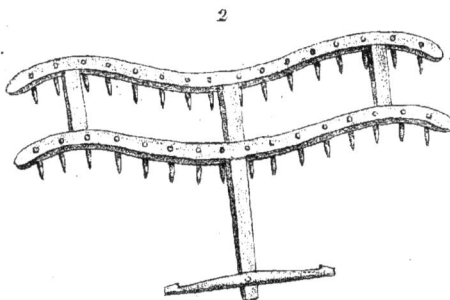
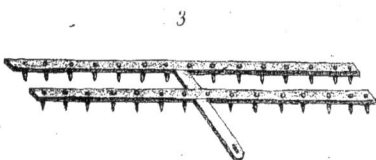

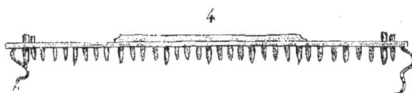
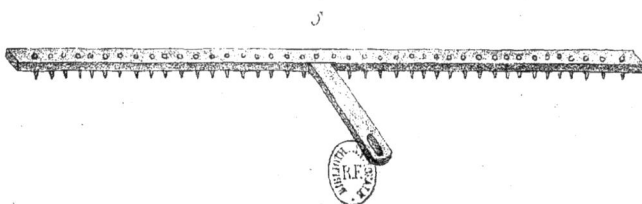

Lithog de C. de Last

HERSES.

PLANCHE PREMIÈRE.

Fig. 1. *Herse quadrangulaire avec un avant-train.* Ce genre de herse se construit en bois avec des dents de fer, ou tout entière en fer. L'avant-train sert à la guider d'une manière plus régulière. On peut en varier les dimensions à volonté. Elle est en usage en Allemagne.

Fig. 2. *Herse carrée irrégulièrement.* Elle est formée par huit pièces de bois de 12 c. m. de surface, sur 6 d'épaisseur, dont trois se croisent à angles inégaux avec les cinq autres. Elle a 14 d. m. de largeur, sur une longueur moyenne de 18 d. m. Elle est armée de dents de fer espacées de 12 c. m. Le palonnier auquel on attelle les chevaux s'attache à l'un des angles sur le devant. On en fait usage dans les pays de grande culture.

Fig. 3. *Herse à poignée.* Sa longueur est de 9 d. m. Sa plus grande largeur de 7 d. ½, et sa moindre de 5. La partie postérieure est garnie d'une pièce de bois courbée en demi-cercle, qui s'élève à la hauteur de 8 d. m., et qui est contenue à sa partie supérieure par une verge en bois fixée sur la seconde traverse. La herse est garnie de dents coudées dans leur partie supérieure. On les fait entrer plus ou moins selon qu'elles s'usent. Elles sont un peu recourbées, et ont 27 c. m. de long. On en fait usage dans le département des Basses-Pyrénées.

Fig. 4. *Herse oblongue à dents plates.* Elle est composée de trois pièces de bois longues de 12 d. m., assujetties à leurs extrémités par deux autres pièces longues de 9 d. m., et fortifiées par deux pièces de fer posées supérieurement. Les dents aplaties ont une largeur de 3 c. m., et une longueur de 2 d. m. Elle est armée de deux anneaux pour attacher les cordes de tirage. Elle se trouve parmi les cultivateurs du département des Pyrénées-Orientales.

PLANCHE II.

Fig. 1. *Herse courbe.* Elle est employée dans le département d'Indre-et-Loire, lorsque les terres sont disposées par billons. On lui donne une courbure et une dimension proportionnées à celles des billons, et elle n'en embrasse qu'un à la fois. Elle se compose de deux pièces de bois longues de 8 d. m., et à une distance l'une de l'autre de 5 d. m., la courbure est de 15 c. m. On attache un palonnier à l'extrémité de son manche.

Fig. 2. *Herse à double courbure.* Les cultivateurs du même département font aussi agir cette herse lorsqu'ils veulent embrasser deux billons à la fois. Ils lui donnent quelquefois un triple rang de dents, tandis que souvent elle n'en a que deux, comme dans celle qui est ici figurée. Les pièces de bois qui portent ces dents sont jointes ensemble par une traverse à chaque extrémité, longue de 26 c. m., et par un manche auquel est adapté un palonnier. La longueur extérieure du manche est de 5 d. m.

Fig. 3. *Herse à double rateau.* Les deux pièces de bois dont elle se compose ont une longueur de 3 mètres, et sont réunies à leur milieu dans une distance de 14 c. m., par une traverse qui se prolonge et sert à atteler les animaux. On lui

donnerait plus de solidité en liant chaque extrémité par une traverse. Elle se trouve dans le département d'Indre-et-Loire.

Fig. 4. *Herse en planche garnie de chevilles.*
Elle est adoptée par les cultivateurs du royaume
de Valence. Elle est composée d'une planche
longue de 21 d. m., large de 32 c. m., et renforcée dans sa partie moyenne par une autre planche
longue de 9 d. m., le tout garni de trois rangs
de chevilles ou dents de bois. On y attelle les
bestiaux en attachant une corde aux chevilles
qui dépassent à chacune des extrémités.

Fig. 5. *Herse-rateau*, en usage dans le département d'Indre-et-Loire. La pièce de bois qui
porte les dents a une longueur de 47 d. m. sur
une largeur de 16 c. m.; le manche est long de
8 d. m.

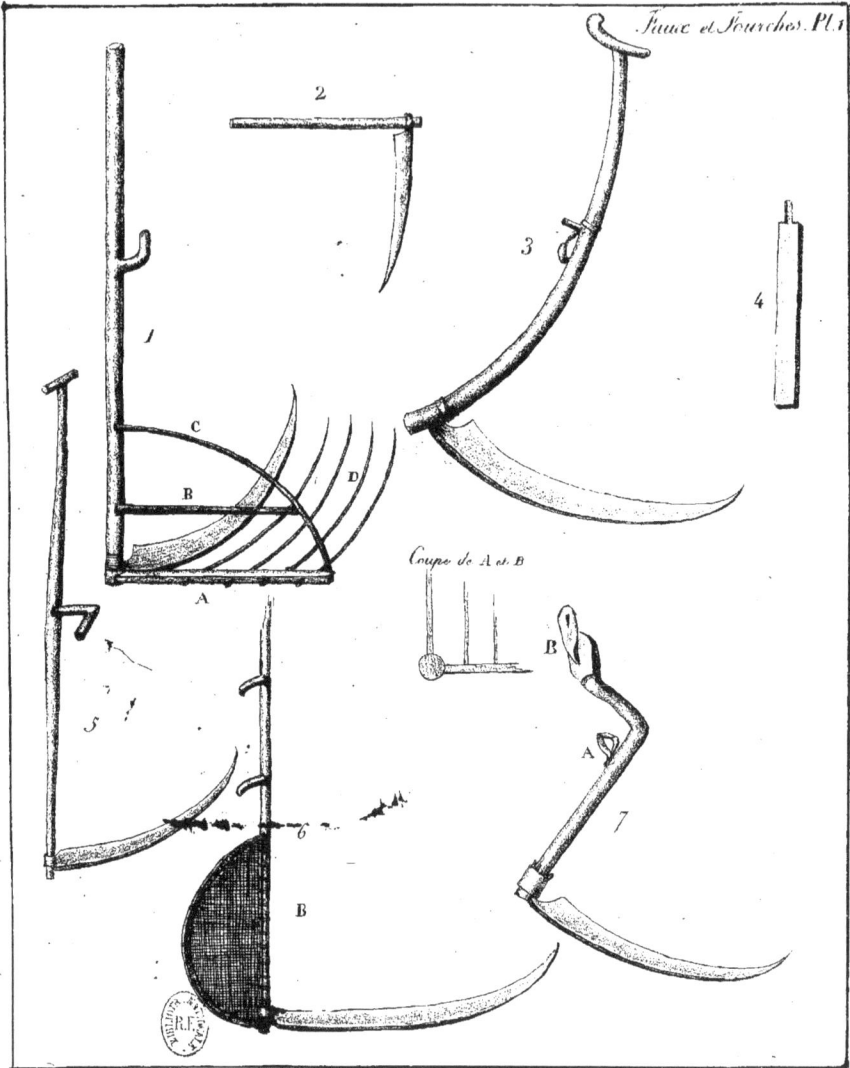

2

3

4

1

C

B

D

A

Coupe de A et B

B

A

5

6

B

7

B

FAUX ET FOURCHES.

PLANCHE PREMIÈRE.

Fig. 1. *Faux à support double*. Elle ne diffère de la faux ordinaire que par le support dont elle est munie, et qui sert à soutenir la paille des céréales à mesure qu'elles sont abattues par la lame. L'ouvrier peut ainsi la coucher régulièrement sur le terrain ; on évite, par ce moyen, qu'elle soit répandue confusément, et on économise le temps des ouvriers qui ramassent la récolte. Elle est surtout utile pour la coupe des avoines. Cet instrument, dont l'usage était anciennement borné à quelques cantons, commence à être aujourd'hui d'un emploi plus général parmi nous. Il apporte une grande économie dans la main-d'œuvre, et est bien préférable à la faucille.

Pour le former, on fixe perpendiculairement à la lame, dans une mortaise pratiquée à l'extrémité du manche de la faux, une pièce de bois léger A, longue de 4 ½ à 5 d. m., de 5. c. m. en carré qu'on assujettit par le moyen d'un bâton courbé C qui s'implante, d'une part, à l'extrémité du montant A, et de l'autre dans le manche de la faux, et qui est fortifié vers son milieu par une autre pièce de bois B parallèle à la première. On garnit le montant A de trois ou quatre branches O en osier, auxquelles on donne la même courbure et la même direction que celle de la lame.

Fig. 2. *Faux pour couper le chaume*. Son manche ainsi que sa lame ont environ 3 ½ d. m. On emploie les faux cassées pour faire cet instrument. On en fait usage aux environs de Blois, pour couper les chaumes qui servent à donner de la litière aux bestiaux. On pourrait l'employer avec avantage dans les pays où l'on a l'habitude de couper les blés très-haut. On le fait agir avec une seule main.

Fig. 3. *Grande faux du Brabant*. La lame a 92 c. m. de long, sur une largeur de 1 d. m. à son talon. Le manche, qui est recourbé, a une longueur de 1 mètre 8 d. m. ; il est muni à son extrémité d'une pièce de bois en forme de béquille, que l'ouvrier passe sous son bras droit. Il est aussi percé vers son milieu avec une cheville à laquelle est attachée une courroie de 3 c. m. de large, dans laquelle le faucheur place son poignet. C'est la grande faux dont on fait usage en Brabant. L'appui qu'on lui donne sous le bras, par le moyen de la béquille, et à la main avec la courroie, facilite l'opération du fauchage.

Fig. 4. *Planchette à repasser les faux*. On en fait usage dans plusieurs lieux, surtout dans le royaume de Valence, en Espagne. Elle a 67 c. m. de long, 8 de large, et elle porte à l'une de ses extrémités une poignée longue de 12 c. m. On doit employer des bois tendres pour cet usage.

Fig. 5. *Faux à coude servant de poignée*. Elle est en usage dans le canton d'Appenzel et dans quelques autres endroits. L'ouvrier empoigne la faux d'une main par la traverse placée à l'extrémité, et de l'autre par le coude fixé vers le milieu du manche. Ses dimensions sont les mêmes que celles des faux ordinaires.

Fig. 6. *Faux à support simple en toile*. Cette faux a les mêmes dimensions que les faux ordinaires ; elle en diffère en ce qu'elle est munie de deux chevilles recourbées qui servent à la saisir. Elle a un support en toile B qui s'établit

verticalement à la lame, en courbant une baguette qu'on implante dans le manche, et à laquelle on fixe une toile grossière. Elle est en
usage en Suède dans le Wermeland, et elle peut
servir lorsqu'on veut couper les foins extrêmement courts, ou des plantes rares et peu
longues.

Fig. 7. *Fauchoir, ou petite faux du Hainaut.*
Elle a 8 d. m. dans sa plus grande largeur, et
6 à 6 ¼ de longueur. Son manche a 5 d. m.
jusqu'au point de sa courbure, et 16 de ce
point à son extrémité. Cette dernière partie se
termine par un plateau B courbe, ovale, large

de 5 c. m., qui s'applique sous l'avant-bras, et
sert de point d'appui pour donner de la force a
l'instrument. Elle porte une courroie qui sert à
suspendre la faux. Un autre cuir A, attaché à
l'avant-manche, entoure le poignet de l'ouvrier lorsqu'il travaille. On fait usage dans le
Hainaut et dans la Belgique de cet intéressant instrument, qui accélère beaucoup l'aba-
tage des moissons. Il serait à désirer que son
emploi s'introduisît parmi nous. On soutient
la paille à mesure qu'elle est coupée, avec un
crochet en fer mince, long de 5 c. m., ayant
un manche léger, long d'un mètre.

PLANCHE II.

Fig. 1. *Crochet à glaner.* Les femmes et les
enfans qui glanent dans les champs de la
Suède, font usage de cet instrument pour ramasser les épis de blé. Ils évitent ainsi beaucoup de fatigue.

Fig. 2. *Faucille à demi-courbure.* Elle est en
usage dans quelques parties du nord de l'Europe.
Elle est remarquable par le peu de courbure
de sa pointe.

Fig. 3. *Doigtier pour soyer le blé.* Les ouvriers
de quelques parties de la Catalogne se servent
de cet instrument pour préserver leurs doigts
contre le tranchant de la faucille lorsqu'ils font
la moisson. Il est d'une seule pièce de bois; il
a une ouverture presque carrée, dont les côtés
ont 6 ½ c. m.; il porte 7 c. m. de son ouverture
à son extrémité; il est un peu recourbé et se
termine en pointe. On l'attache au poignet par
le moyen de deux cordons.

Fig. 4 et 5. *Faux pour couper les ajoncs et la
fougère.* Elle se compose d'une lame longue de
4 d. m. sur sa courbure, dont la plus grande
largeur est de 8 c. m., et de 6 seulement vers le
manche. Celui-ci a depuis la douille jusqu'à sa
couture 3 ¼ d. m., et 1 d. m. de cette dernière
partie à son extrémité. Il est posé verticalement à
la lame; la figure 4 représente un crochet en bois

que l'ouvrier tient de la main gauche, lorsqu'il
fait agir la faux, et qui lui sert à soutenir les
plantes qu'il veut couper. Le manche a 6 d. m.
de long, et son crochet en a 2.

Fig. 6. *Faucille à pointe relevée.* C'est une
grande faucille dont on fait usage dans la
campagne de Rome.

Fig. 7 et 8. *Chaumée.* C'est une espèce de
petite faux dont la lame peu tranchante a
4 d. m. de long. On s'en sert dans la Beauce
pour ramasser le chaume. Son manche est armé
d'une courroie sous laquelle l'ouvrier passe la
main droite. Il tient de la gauche la fourchette,
fig. 7, entre les branches de laquelle il fait
entrer le chaume à mesure qu'il le coupe ou qu'il
l'arrache, et il en débarrasse la fourchette lorsqu'elle est garnie jusqu'à son extrémité.

Fig. 9. *Faucille peu arquée.* Elle est employée
par les moissonneurs du royaume de Valence. Sa
lame a 34 c. m. de long, sur 5 dans sa largeur
moyenne; son manche a 3 c. m.

Fig. 10. *Faucille coudée.* Sa lame, mesurée
sur la courbure extérieure, a 4 d. m. de long;
elle forme un coude long de 6 c. m.; son
manche, qui a 13 c. m. de long et 3 ½ de diamètre, se termine par une petite éminence qui
sert à arrêter la main; on l'emploie en Espagne.

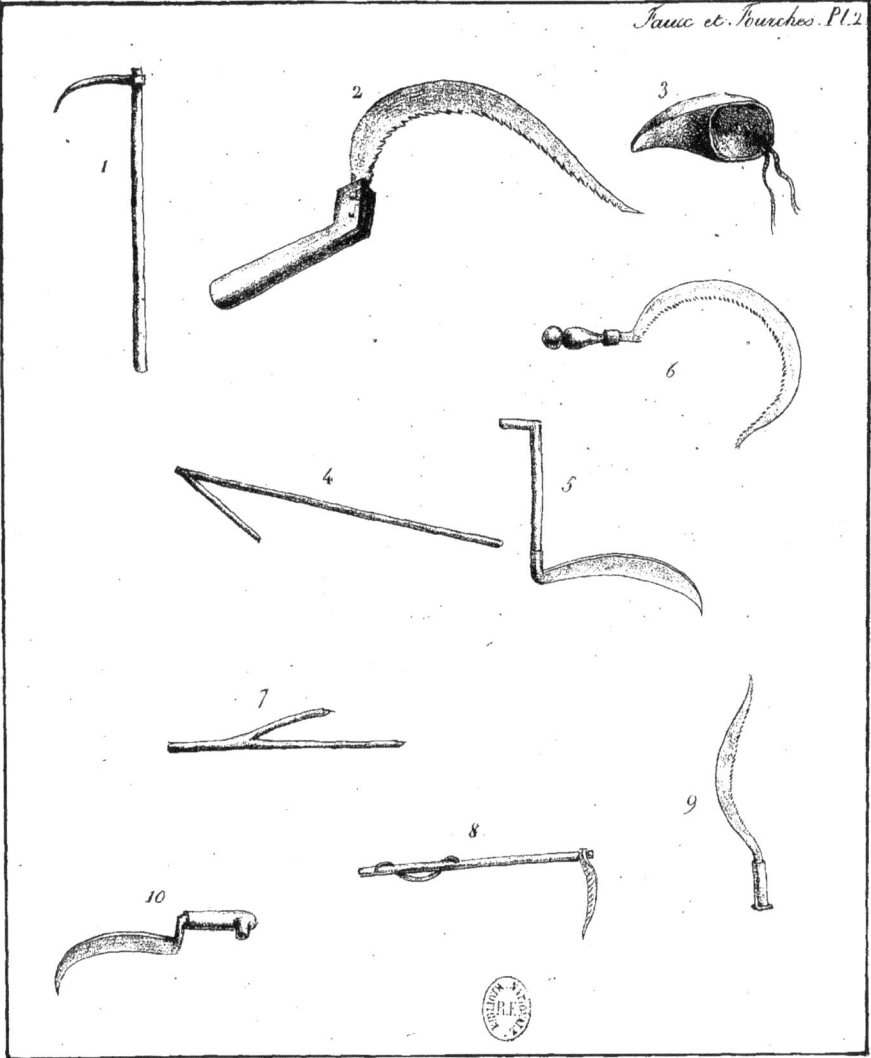

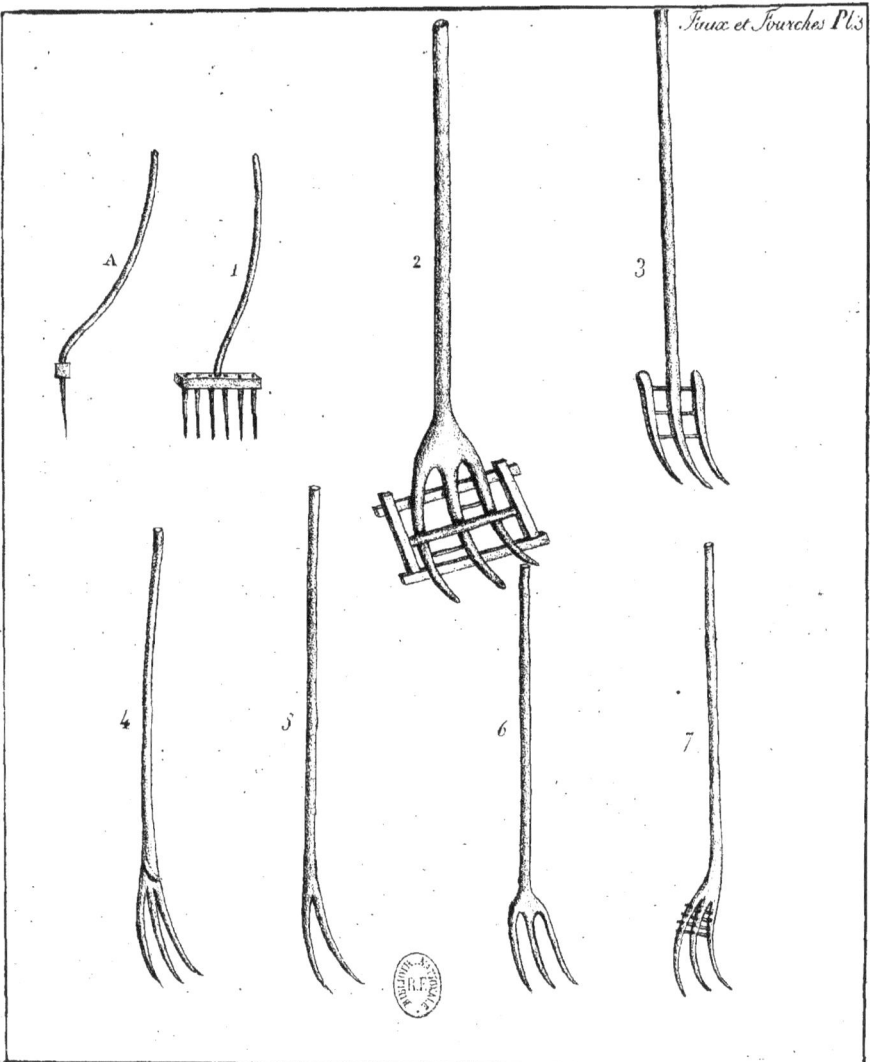

A   1   2   3

4   5   6   7

PLANCHE III.

Fig. 1. *Fourche à six dents*. Elle se compose d'une pièce de bois à laquelle on adapte six dents, et un manche courbé, lettre A. Elle est d'usage pour enlever la paille après le battage, et pour les autres opérations où l'on veut soulever de petits corps.

Fig. 2. *Manière de former les fourches*. On fait un grand commerce de fourches de mico-coulier dans le département du Gard. On donne de la régularité à ces fourches, en faisant passer leurs branches dans un cadre en bois qui porte une traverse à son milieu. C'est par le moyen de celle-ci que la fourche prend l'inflexion qu'elle doit avoir, et les dents sont maintenues dans un écartement convenable avec de petits morceaux de bois, ainsi qu'on le voit dans le dessin. On a soin auparavant de mettre la branche dans le four pour la rendre flexible; elle conserve la forme qu'on lui a donnée, après le refroidissement. On peut employer le même moyen avec les autres espèces de bois. On redresse le manche en le mettant dans un canal de bois.

Fig. 3. *Fourche à dents rapportées*. Elle se fait en Suède avec une branche de bois amincie par le bout, et deux dents qu'on unit ensemble par trois chevilles. Elle peut trouver un bon usage dans les pays où, à défaut de bois convenable, on est obligé d'employer le pin ou le sapin.

Fig. 4. *Fourche à trois dents et à crochet*. Elle est en usage dans le département d'Indre-et-Loire pour enlever le foin et la paille. Le petit crochet dont elle est munie facilite l'opération.

Fig. 5. *Fourche à deux dents*. C'est la fourche ordinaire.

Fig. 6. *Fourche à trois dents ordinaire*.

Fig. 7. *Fourche à trois dents liée par des traverses*. On l'emploie pour la fenaison dans le canton de Berne. Elle est composée de dents aplaties; longue de 4 d. m., traversée et assujettie par quatre pièces de bois, dont la plus près des pointes est aplatie, et a 26 c. m. de long, et 3 ½ de large; la longueur des manches est de 21 d. m.

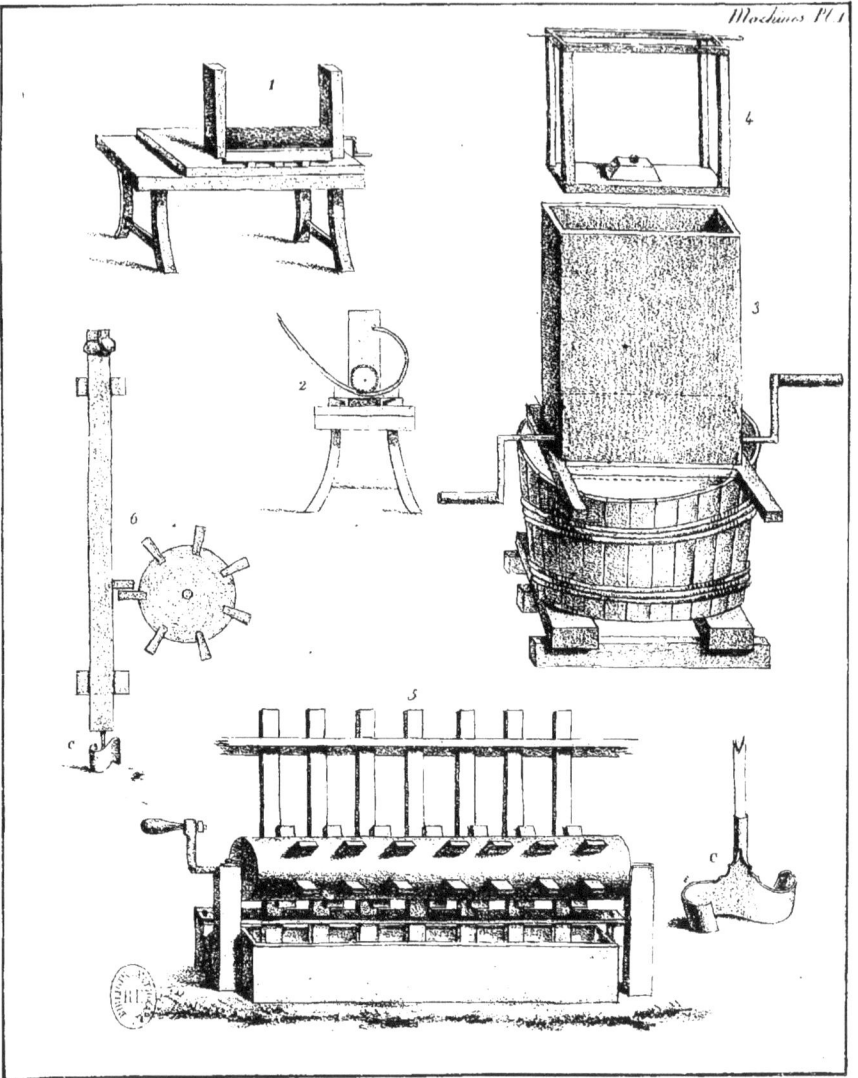

MACHINES.

PLANCHE PREMIÈRE.

Fig. 1 et 2. Machine à fabriquer des cercles de bois. Cette machine, aussi simple qu'ingénieuse, est usitée dans le royaume de Grenade pour faire des cercles de tamis, de boîtes, etc. Elle se compose d'une table, sur laquelle on fixe une planche qui porte deux montants, au travers desquels passe l'essieu d'un cylindre en fonte. Ce cylindre est taillé en râpe, comme le sont les râpes à bois ordinaires, mais à tailles plus grossières et plus écartées. On place au-dessous du cylindre un plateau concave, qu'on rapproche plus ou moins par le moyen de coins qu'on enfonce à volonté. Lorsqu'on veut donner à une planche la forme circulaire, un ouvrier applique une de ses extrémités entre le plateau et le cylindre qu'un autre ouvrier fait tourner par le moyen de la manivelle : alors les aspérités de la râpe, en attirant la planche, la forcent de passer, et l'action qu'elle éprouve lui donne une courbure circulaire, ainsi qu'on le voit représenté dans la coupe de la machine fig. 2.

Fig. 3 et 4. Machine à réduire les pommes de terre en fécule. La machine à râper les pommes de terre, dont on donne la figure, a été inventée par M. le curé de Bezon, près Paris. Comme elle est très-expéditive et peu coûteuse, elle a été adoptée comme la meilleure qui existe. Elle est composée d'un cylindre, que l'on a indiqué dans la figure par des lignes ponctuées. Il est formé d'un bois dur et traversé par un axe de fer de 26 m. m. en carré, et arrondi à ses extrémités afin de pouvoir tourner dans deux trous pratiqués à la base de la boîte où se trouve placé le cylindre. Celui-ci a 6 d. m. de long sur 3 ½ de diamètre. Il est recouvert d'une forte râpe en tôle, dont les trous sont espacés de 13 m. m. Il occupe la partie inférieure d'une caisse carrée oblongue, et il est assez rapproché de ses parois pour ne donner passage aux pommes de terre que lorsqu'elles ont été râpées. Cette boîte repose sur un châssis avec lequel elle est fixée par des écrous, et celui-ci porte sur un baquet où tombent les pommes de terre après avoir été râpées. Une partie du diamètre de la râpe doit tremper dans l'eau du baquet, afin qu'elle puisse être débarrassée de la pâte dont elle se couvre. Après avoir rempli la boîte avec des pommes de terre, on les charge avec le châssis figuré au-dessus de cette boîte. Ce châssis est garni, dans sa partie inférieure, d'une planche sur laquelle on met des poids selon qu'on veut obtenir une plus grande pression. Il porte dans sa partie supérieure une petite traverse qui dépasse des deux côtés, afin d'arrêter le châssis à quelques lignes au-dessus de la râpe sur laquelle il se porterait, sans cette précaution, au moment où toutes les pommes de terre auraient été râpées. Cette pression, en empêchant ces tubercules de sauter dans la boîte, permet à la râpe d'agir avec plus d'activité.

Lorsque les pommes de terre broyées tombent dans le baquet, on a soin d'enlever l'eau, qui, sans cela, se déverserait ; et on la jette dans des tonneaux où la fécule se précipite, et d'où on la retire après avoir décanté l'eau. On en jette de nouvelle, et on répète cette opération jusqu'à ce que le lavage soit bien fait. Quant au parenchyme mêlé de fécule qui se trouve dans le baquet, on le met dans des paniers, qu'on remue et qu'on agite dans des vases remplis d'eau, jusqu'au moment où il ne reste plus que les fragments de pomme de terre que la râpe n'a pas entièrement divisés. On les fait servir à la nourriture des bestiaux. On peut faire entrer dans la composition du pain le paren-chyme ou la partie fibreuse de la pomme de terre, après qu'on en a extrait la fécule. On la mélange dans la proportion d'un quart ou d'un cinquième, même à moitié lorsque les circonstances l'exigent.

Fig. 5 et 6. *Machine à hacher les racines.* On en fait usage dans quelques parties de la Hollande. Elle est composée de pilons qui jouent dans les trous pratiqués à deux traverses horizontales, l'une supérieure, et l'autre inférieure. Ces pilons s'élèvent ou retombent par le moyen des cames, fig. 6, dont est garni un arbre qu'un homme fait tourner avec une manivelle fixée à l'une des extrémités. Les pilons portent à leur partie inférieure une lame tranchante ayant la forme d'un S. C'est ainsi qu'ils coupent par morceaux les pommes de terre, ou les autres espèces de racines qu'on a mises dans le baquet, situé au-dessous. Cette manière de procéder est très-expéditive. Les cultivateurs qui n'ont qu'un petit nombre d'animaux à nourrir, n'emploient, pour la même opération, qu'une seule lame, avec une douille dans laquelle on adapte un manche qu'on fait agir à la main. On a figuré cet instrument plus en grand sous la lettre C. Sa lame est large de 6 d. m. Elle a 3o d. m. dans toute sa longueur. La douille en a 20. La fig. 6 représente un des pilons vu de côté avec la coupe des deux traverses, dans laquelle il joue, et la lame qu'il porte à son extrémité inférieure. On attache à l'extrémité supérieure de ces pilons une pierre lorsqu'on veut donner plus d'activité aux lames. *Voyez* fig. 6, où l'on a tracé la coupe de l'arbre, afin de faire voir la manière dont il élève successivement les pilons.

PLANCHE II.

Fig. 1. *Moulin à huile avec une auge circulaire.* Ce genre de moulin est usité à Tarragone en Espagne. Il est composé d'un plateau d'une seule pierre, dans laquelle est creusée une auge circulaire, profonde de 2 d. m. et large de 5. La partie comprise dans la circonférence de l'auge s'incline légèrement du centre à cette circonférence, dans une proportion de 9 c. m. La meule à broyer les olives a la forme d'un cône tronqué, long de 18 d. m. Elle présente un grand diamètre de 17 d. c., et un petit diamètre de 8 d. m. 6 c. m. Elle est accrochée au pied de l'arbre tournant, et porte à la base du cône un levier auquel on attelle un animal lorsqu'on veut la mettre en mouvement. L'arbre tourne sur son pivot dans le centre du plateau; il est aussi contenu par une solive supérieure. On attache à sa partie inférieure, par le moyen de deux crochets, une trémie au bas de laquelle s'échappent les olives. On pratique, à cet effet, à la base de la trémie, une porte en coulisse, que l'on tient plus ou moins élevée, selon la quantité d'olives qu'on veut répandre sur le plateau. La pâte obtenue par la trituration des olives se jette dans l'auge, à mesure que le travail avance.

Fig. 2. *Moulin à huile sans auge.* Ce moulin, dessiné au monastère de Valdénia, dans le royaume de Valence, est remarquable par la grande inclinaison de son plateau, qui est de 22 c. m. sur une longueur de 16 d. m. Il porte à sa circonférence une saillie de 19 c. m. d'élévation. La meule, de forme conique, a 3 d. m. à son petit diamètre, et une longueur de 14½ d. m. de sa base à son sommet. Elle est attachée à l'arbre, qui tourne sur un pivot adapté dans une crapaudine, et sur un tourillon fixé dans une solive supérieure. Le fond de la trémie, où sont les olives, est contenu dans un petit vase de bois oblong et sans rebord à une de ses extrémités. Il reçoit, à mesure que l'arbre tourne, un mouvement de vacillation, de manière que les olives s'échappent avec régularité. Ce mouvement se produit au moyen d'une roue dentée en forme de crémaillère, et fixée au sommet de l'arbre. Celle-ci, recevant une pièce de bois enfoncée par un de ses bouts dans la muraille, lui donne un mouvement de bas en haut, qu'elle communique, par le moyen d'une corde, au vase placé sous la trémie.

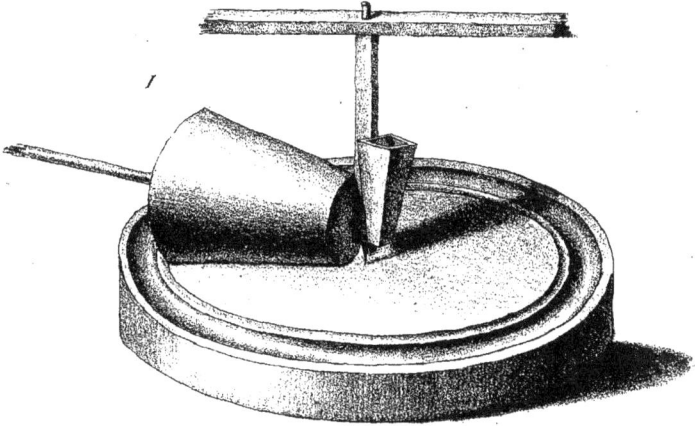

1

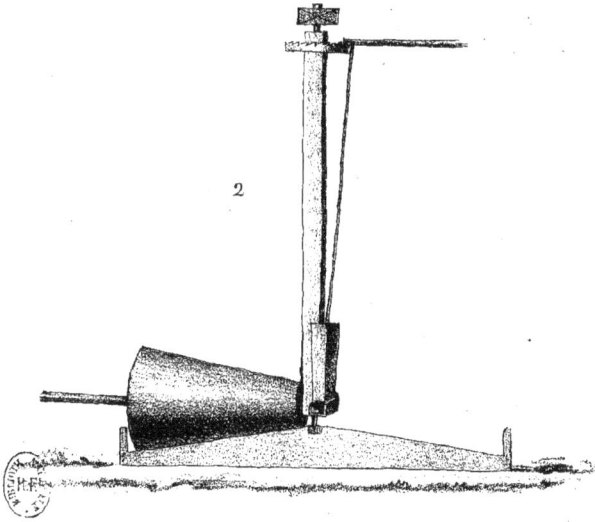

2

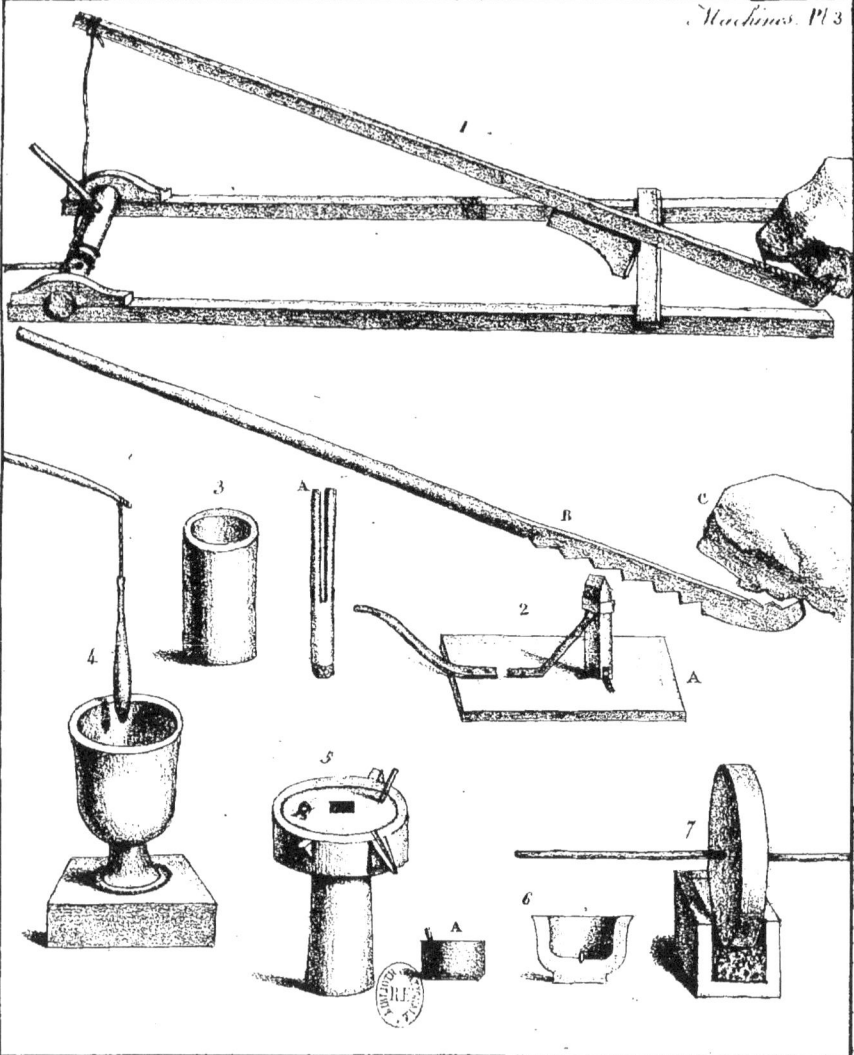

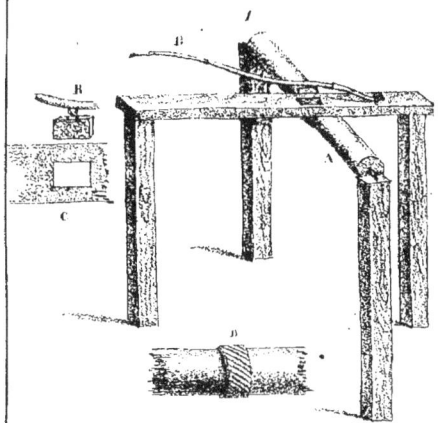

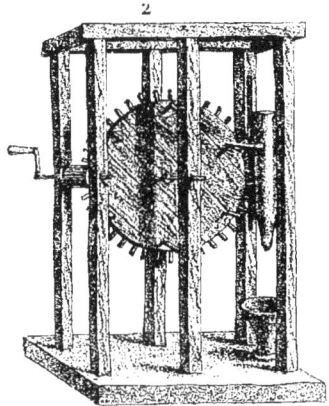

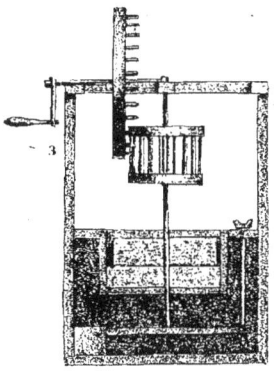

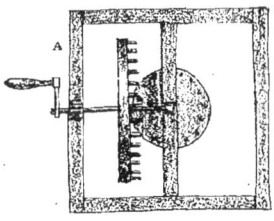

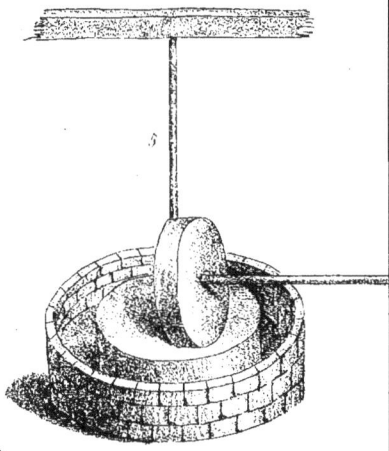

MACHINES.

PLANCHE III.

Fig. 1. *Levier à treuil.* On l'emploie en Suède pour déraciner les arbres et pour enlever les blocs de rochers qui se trouvent dans les champs. Il porte vers son extrémité un point d'appui, et est mis en action au moyen d'un treuil.

Fig. 2. *Levier à point d'appui mobile.* On l'emploie dans le même pays et aux mêmes usages que le précédent. A représente le point d'appui soutenu par une planche qui empêche l'enfoncement en terre. Il a un manche avec lequel on le place à volonté. B indique le levier, C une pierre qu'on soulève.

Fig. 3. *Mortier en bois.* Il est usité dans le canton d'Assly pour faire du gruau d'orge. Le pilon A, divisé en deux dans sa partie supérieure, afin de pouvoir être saisi plus facilement, et armé de têtes de clous à sa base, a 7 d. m. de long et 7 c. m. de diamètre. Il pourrait être utile à nos ménages.

Fig. 4. *Mortier avec un pilon à ressorts.* Ce pilon est très-commode pour diverses opérations de ménage, et fatigue moins que ceux qui ne sont pas suspendus. On attache à une poutre du plancher, ou l'on fixe dans une muraille une perche, à l'extrémité de laquelle est attaché le pilon au moyen d'une corde.

Fig. 5. *Moulin à broyer les pois,* etc. On en fait usage à Rome pour broyer le café, les pois, les grains, etc. Il peut également servir pour la moutarde; il est composé d'une meule en pierre avec un trou au centre, par lequel on jette les grains. Elle est munie de deux anneaux qui servent à la sortir de la pierre dans laquelle elle tourne. On lui donne le mouvement par le moyen d'une cheville fixée à sa superficie.

Fig. 6. *Moulin en porphyre.* Il est employé à Florence pour pulvériser les substances odorantes et médicales. La meule A, armée d'une manivelle, tourne sur un pivot représenté au centre du mortier dans la coupe de la gravure. Les parties subtiles s'élèvent moins facilement dans ce moulin que lorsqu'on les broie dans des mortiers.

Fig. 7. *Meule à auge droite.* C'est une meule en pierre, d'un mètre de diamètre, que les ouvriers font aller et venir dans une auge longue d'environ 4 mètres, en poussant la pièce de bois dont elle est traversée. On écrase ainsi le raisin dans l'état de Bareuth.

PLANCHE IV.

Fig. 1. *Moulin à broyer les os.* Les débris des os de la coutellerie de Thiers, département du Puy-de-Dôme, sont employés à l'engrais des terres, après avoir été broyés dans ce moulin. Il se compose d'un arbre A, mû par un courant d'eau, et qui porte à son centre un anneau d'acier taillé en râpe, ainsi qu'on le voit en D. On établit immédiatement au-dessus de cette râpe une traverse percée d'un trou C, dans lequel on place les os. On les presse contre la râpe par le moyen d'un tampon qui est attaché au levier, lettre B. Il suffit pour cela qu'un ouvrier appuie la main à l'extrémité du levier, qui est fixé à la traverse par l'un de ses bouts.

Fig. 2. *Pilon mécanique.* Il est établi sur un châssis formé de six montans, et d'une plateforme qui lui sert de base. Les deux premiers montans portent une lanterne avec sa mani-velle qu'un homme met en mouvement. Les deux montans du milieu soutiennent une roue dont les dents circulaires reçoivent le mouvement de la lanterne. La roue porte sur l'une de ces surfaces 6 ou 8 chevilles qui élèvent et laissent tomber alternativement le pilon. Celui-ci glisse dans une coulisse pratiquée au côté intérieur des deux derniers montans. On place au-dessous du pilon un mortier de fer.

Fig. 3. *Moulin à bras.* Il est composé de deux meules en pierre, l'une inférieure et immobile, et l'autre supérieure et tournante. Elles sont traversées l'une et l'autre, ainsi qu'on le voit dans la coupe du moulin, par un axe qui porte à sa partie supérieure une lanterne. Celle-ci s'engrène avec une roue dentée qui reçoit le mouvement par le moyen d'une manivelle. Le même axe porte un croisillon qui est fixé dans la partie inférieure de la meule tournante, et qui sert à élever ou à abaisser celle-ci à volonté ; ce qui se fait en tournant l'écrou placé à côté de la meule, et fixé à l'extrémité du montant qui, étant attaché à la traverse qui porte l'axe, le fait élever ou baisser selon qu'on tourne l'écrou. Ce moulin fort simple, et qu'on peut faire construire partout, est employé dans les fermes de l'Andalousie pour broyer diverses espèces de grains à l'usage des hommes et des bestiaux. On lui donne les dimensions proportionnées aux besoins. On a figuré le plan de la partie supérieure de ce moulin, afin qu'on pût mieux juger sa construction.

Fig. 4. *Masse pour écraser le plâtre.* C'est une pierre carrée qui a 3 d. m. sur chacun de ses côtés, et 2 ou 3 en hauteur. On y adapte un manche de bois, qui sert à la faire agir. On la fait passer successivement, sans la soulever en totalité, sur le plâtre répandu dans une aire. Cette manière de pulvériser le plâtre, en usage dans le département d'Indre-et-Loire, est bien préférable à la méthode absurde et contraire à la santé des ouvriers qu'on emploie à Paris.

Fig. 5. *Moulin à plâtre.* C'est une meule verticale mue par un manége. Elle tourne sur un plateau où l'on met le plâtre. Celui-ci tombe, à mesure qu'il est écrasé, dans une auge circulaire, construite en maçonnerie. Cette bonne machine est employée dans le royaume de Valence. La meule verticale a 5 et 3 d. m. de diamètre, et 44 c. m. d'épaisseur. Le plateau a 15 d. m. de diamètre, et 3 et 2 d. m. d'élévation. Il porte à son centre une crapaudine dans laquelle tourne le pivot du montant, auquel est fixé le levier qui traverse la meule. L'auge circulaire a 5 d. m. de large. La muraille extérieure de l'auge a 2 d. m. d'épaisseur.

PLANCHE V.

Fig. 1. *Moulin à meule verticale pour broyer le chanvre.* Il se compose d'un plateau traversé par un arbre montant, autour duquel tourne la meule verticale, et qui est mû dans sa partie inférieure par une roue à eau. Des ouvriers étendent le chanvre ou le lin sur le plateau, et le disposent de manière qu'il subisse successivement l'action de la meule. Celle-ci doit avoir des cannelures profondément tracées dans le sens de la circonférence, afin de faciliter le broiement des brins de chanvre. En usage chez un particulier du Puy-de-Dôme.

Fig. 2. *Moulin à meule conique pour broyer le chanvre.* Pour le construire, on forme une aire en maçonnerie avec un rebord, et un pavé un peu plus élevé à la circonférence qu'au centre. Ce pavé est composé de pierres poligones irrégulières, de manière à laisser des interstices qui facilitent le broiement des brins de chanvre. On établit au centre de l'aire un arbre montant, avec une lanterne qui s'engrène dans une roue mue par l'eau, ou à l'aide d'un manége ; on adapte au pied de cet arbre un crochet auquel est attachée une meule conique qui tourne avec l'arbre, et qui porte, dans toute sa longueur, des cannelures circulaires. Deux femmes sont occupées à étendre sur l'aire des bottes de chanvre, à les retourner et à les secouer. En usage en Italie.

Fig. 3. *Broie à pièces de rapport.* Cet instrument, usité dans le département des Landes, est d'une facile construction. On adapte sur un banc deux planchettes A, percées d'un trou. On a 3 planches, C, que l'on place successivement entre les deux planchettes. On pose d'abord la première, puis la double planche B, réunie par un manche, ensuite entre celle-ci une des trois planches, et enfin la dernière sur le côté opposé. On fait passer une cheville dans les trous de toutes ces planches, et cette réunion forme la broie. On la fait agir en soulevant à la main le manche qui porte la double planche ; les trois autres restent posées sur le banc, et sont contenues par les deux chevilles.

Fig. 4. *Routoir pour le chanvre.* Cette figure représente le plan des fosses usitées en Lombardie pour rouir à la fois de grande quantité de chanvre. La coupe est figurée sous la lettre A. On creuse une grande fosse dont on revêt les bords un peu inclinés avec des planches soutenues par des pieux, afin d'empêcher que le sol ne s'éboule. On plante dans la fosse trois rangées de pieux à une distance les uns des autres de 17 d. m., observant entre les deux intervalles du milieu une distance de 25 d. m., et de 14 entre les intervalles des côtés. Trois trous pratiqués dans la partie supérieure des pieux servent à mettre des chevilles qui retiennent, dans une position plus ou moins élevée, les bâtons destinés à contenir les tas de chanvres qu'on dépose dans la fosse, et à les empêcher de surnager, ainsi qu'on le voit dans le plan et dans la coupe A. On attache quelquefois, au lieu de chevilles, des pièces de bois qui vont d'un piquet à l'autre, comme on l'a représenté dans la rangée du milieu.

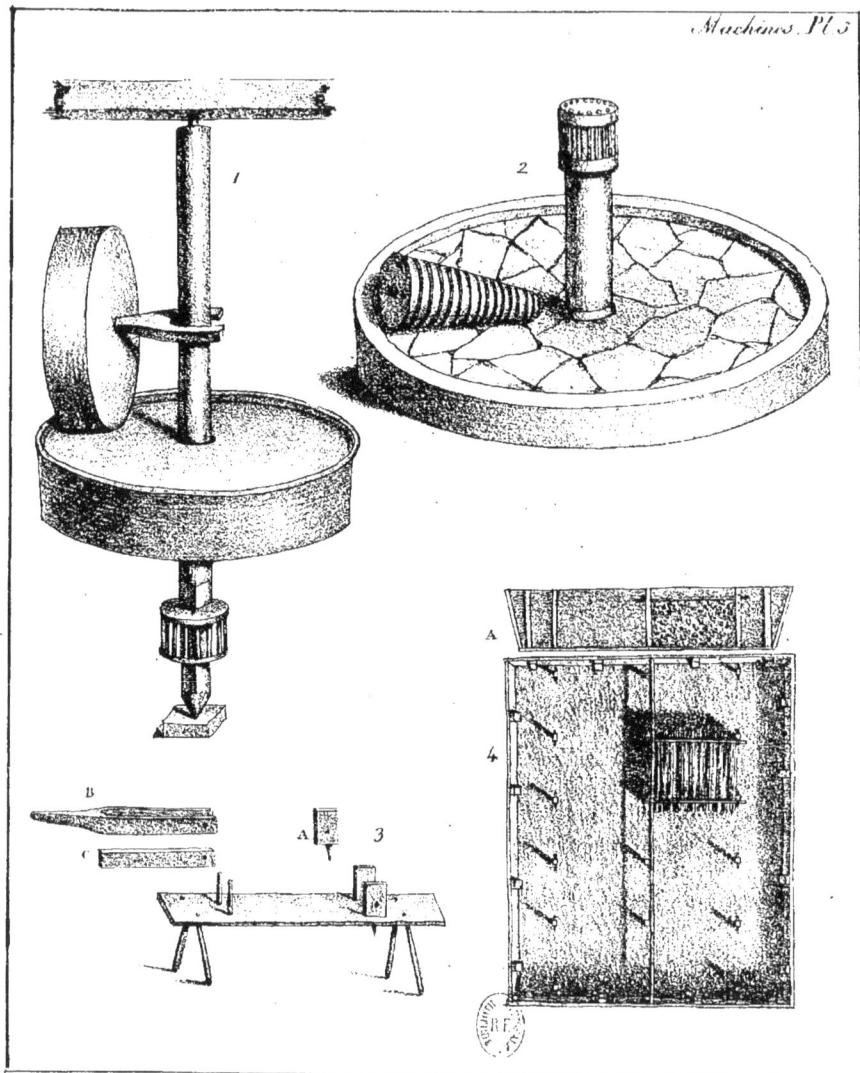

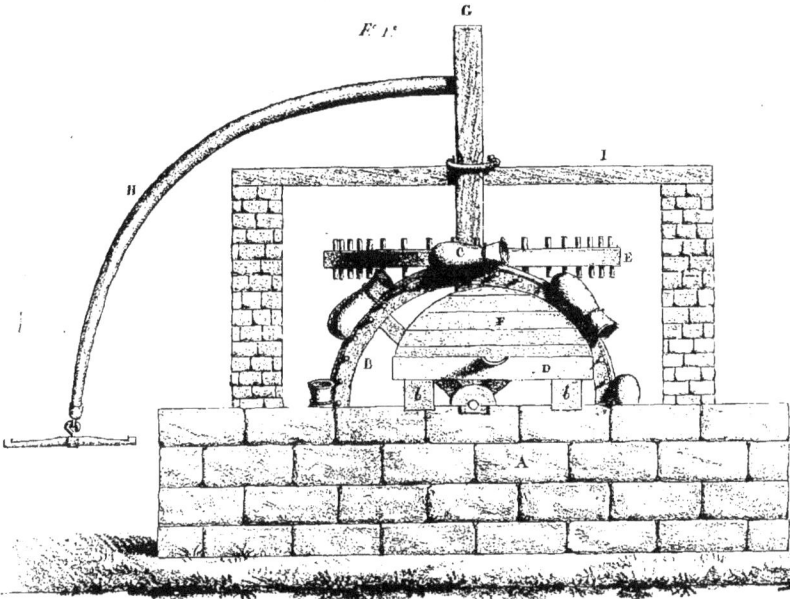

F.^e 1.

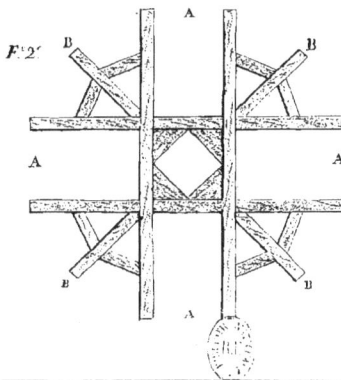

F. 2.

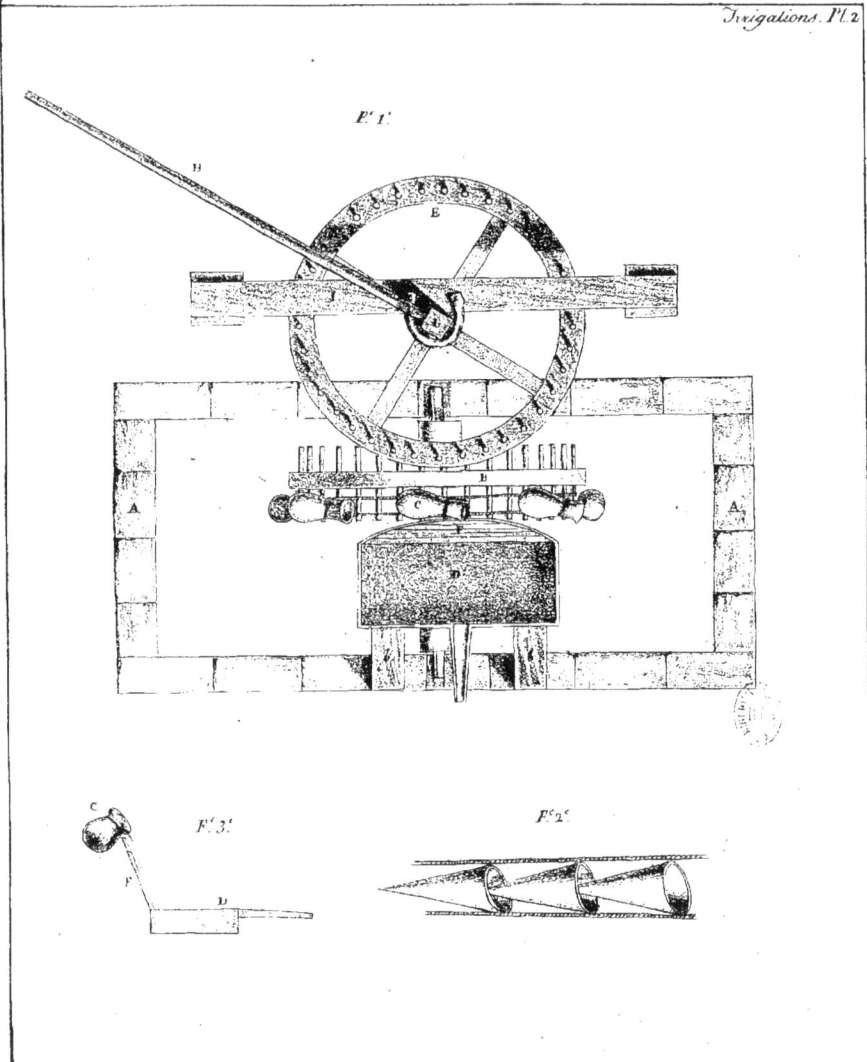

F.¹ 1.ʳᵉ

H

E

A   A

F.ᵉ 3.ᵉ   F.ᵉ 2.ᵉ

C

F   D

Lithog. de C. de Last.

IRRIGATIONS.

PLANCHES I ET II.

Fig. 1, etc. *Noria.* La noria est, de toutes les machines a élever l'eau, la plus simple, la plus économique, et celle qui, à égalité de forces et de temps, donne un produit plus considérable. Elle est employée de temps immémorial en Asie et en Afrique. Les Sarrasins l'ont introduite en Espagne et dans d'autres pays de l'Europe. On en fait encore usage dans quelques parties de la France méridionale. Elle est employée à l'irrigation des jardins et des champs dans presque toute l'Espagne. Les paysans construisent eux-mêmes ces machines avec les matériaux qu'ils trouvent sous la main, et fertilisent ainsi les lieux les plus arides. Le défaut de son usage, dans le reste de l'Europe, ne peut être attribué qu'à l'ignorance et à la routine, deux ennemis puissants de toute amélioration.

La noria dont je donne ici la figure et les descriptions est en usage dans la Catalogne, et m'a paru la plus simple et la plus parfaite de toutes celles que j'ai dessinées en France, en Italie et en Espagne. On lui donne le nom de Puisaro dans le midi de la France. C'est une machine qui devrait être employée non-seulement dans tous nos jardins, mais aussi dans presque toutes nos fermes, pour l'irrigation des prairies, et au besoin, pour celle de différentes cultures. On en retirera d'autant plus d'avantage, que l'eau se trouvera à une moindre profondeur.

Pour établir une noria, on commence par creuser un puits A, pl. I et II. long. de 3 m. 7 d. m. sur 1 m. $\frac{1}{2}$ de large. On place sur ce puits la roue verticale B, qui a 13 d. m. $\frac{1}{2}$ de diamètre, et porte 40 dents. Elle est formée par des jantes et 4 rayons fixés sur un arbre long de 13 d. m. y compris les tourillons. Ceux-ci sont portés par des plumards en métal fixés dans la muraille du puits. La circonférence de la roue est traversée de chevilles perpendiculaires à son plan. Elles s'engrainent d'un côté avec les dents de la roue horizontale E, et supportent de l'autre côté le chapelet garni de pots C. Elles doivent être assez inclinées pour que le chapelet ait une tendance à se porter vers le massif de la roue. Les pots ont un étranglement vers les deux tiers de leur hauteur. On leur donne une longueur de 35 c. m. et un diamètre de 14 c. m. à leur ouverture. Ils sont percés à leur base d'un trou de 6 m. m. ; ils sont fixés entre deux cordes de sparte, au moyen d'une ficelle qui s'attache à leur étranglement. On peut les placer à un demi d. m. l'un de l'autre. La distance à observer se règle sur la profondeur de l'eau. Plus celle-ci est profonde, plus les pots doivent être écartés, afin d'offrir moins de poids à la force qui les met en action.

D, auge formée par cinq planches clouées les unes contre les autres, longue de 5 d. m. sur une largeur de 2 $\frac{1}{2}$. Elle porte un dossier F, arrondi dans sa partie supérieure, de 7 d. m. dans sa plus grande hauteur. Ce dossier, un peu incliné du côté de la roue, sert à empêcher qu'une portion de l'eau versée par les pots ne retombe dans le puits (*voy.* fig. 3). L'auge est soutenue par deux pierres *b b* maçonnée dans la muraille.

E, roue horizontale qui s'engraine dans la roue verticale, et qui est mise en mouvement par le levier H, à l'extrémité duquel on attèle un cheval, un bœuf, ou un âne. Elle a 13 $\frac{1}{2}$ d. m. de diamètre, et porte à sa circonférence 40 dents qui ressortent de 2 d. m., et qui ont une longueur totale de 3 d. m. $\frac{1}{2}$. On les fait entrer par la partie supérieure à coup de marteau. L'axe G de cette roue porte à son extrémité inférieure un pivot qui tourne dans une crapaudine. Il est arrondi dans sa partie supérieure, et tourne contre la traverse I, étant retenu par un demi-cercle en bois. La traverse est supportée par deux piliers en maçonnerie.

Un animal, étant attelé à l'extrémité du levier, met la machine en mouvement en tournant autour du puits. Les pots montent successivement et se vident dans l'auge. L'eau s'écoule de celle-ci dans un réservoir construit en maçonnerie, sur une dimension de 3 ou 4 mètres en carré, et plus ou moins profond. On laisse échapper cette eau, et on la conduit sur les différentes parties des terrains qu'on veut arroser.

On pratique des trous à la base des pots, afin que ceux-ci puissent se vider lorsque la noria s'arrête. Dans le cas où les pots ne seraient pas troués, on arrêtera la roue avec un bâton, pour qu'elle ne puisse retourner sur elle-même lorsqu'on cesse de la faire mouvoir.

La fig. 2 représente des sacs en toile cirée de forme conique, dont on pourrait se servir au lieu de pots, afin de rendre le jeu de la machine plus facile, et de diminuer la résistance, surtout lorsqu'il faut puiser l'eau à une certaine profondeur.

La fig. 2 de la planche Ire représente la forme que l'on donne à la roue horizontale et à la roue verticale, sur les bords de l'Ebre, en Espagne. La construction en est beaucoup plus facile que celles qui portent des jantes. On assemble quatre pièces de bois A A A A égales en longueur au diamètre que doit avoir la roue. On assujetit entre les quatre angles formés par cet assemblage quatre petites pièces de bois B B B B qui se prolongent jusqu'à la circonférence de la roue. L'engrenage se fait par le moyen de l'extrémité de ces différentes pièces ; mais il n'est pas aussi régulier que dans les roues que nous venons de décrire.

On pourra placer cette machine au bord d'un étang ou d'une rivière. A cet effet, on allongera l'arbre de la roue verticale, en plaçant à son extrémité une roue à dents également verticale. Cette roue recevra le mouvement par un axe garni d'une lanterne, autour de laquelle tournera la bête de trait.

PLANCHE III.

Fig. 1. *Arrosoir formé par une portion de calebasse*, traversée par son manche ; celui-ci est affermi par une seconde pièce de bois qui traverse la calebasse par les deux côtés opposés. On en fait usage dans la Catalogne pour vider l'eau des réservoirs. Il peut être employé avec avantage par les pauvres cultivateurs des pays méridionaux.

Fig. 2. *Arrosoir en fer-blanc à manche*. Il est employé en Italie ; il présente de l'avantage lorsqu'il s'agit d'arroser des plantes cultivées auprès d'un étang ou d'une pièce d'eau.

Fig. 3. *Arrosoir de calebasse* de forme oblongue. Même usage que celui du n° 1.

Fig. 4. *Pelle oblongue pour les arrosements*. Elle est employée en Hollande pour arroser les toiles. On pourrait en retirer un grand avantage en l'employant pour des prairies, naturelles ou artificielles, situées sur le bord des eaux. On lance l'eau à une très-grande distance par le moyen de cet instrument.

Fig. 5. *Arrosoir en godet*. Il est de métal, et est armé d'un long manche. Il est employé en Italie pour arroser, et pour divers autres usages domestiques.

Fig. 6. *Trempoir*. C'est un instrument dont les jardiniers des environs de Tours font usage lorsqu'ils veulent arroser les semis des petites graines. Il est formé de deux planches parallèles, longues environ de 4 d. m., et réunies à la distance de 24 c. m. par des bâtons sur lesquels on place une couche de paille. Celle-ci est assujettie par une traverse à laquelle est adapté un manche long de 7 d. m. On pose le trempoir sur le lieu qu'on veut arroser, et on verse au-dessus de l'eau qui coule à travers la paille, et se répand sur le sol sans battre la terre ni la tasser.

Fig. 7. *Pelle de forme carrée*. Elle est employée aux mêmes usages que celle du n° 4 ; mais elle ne lance pas l'eau à une si grande distance.

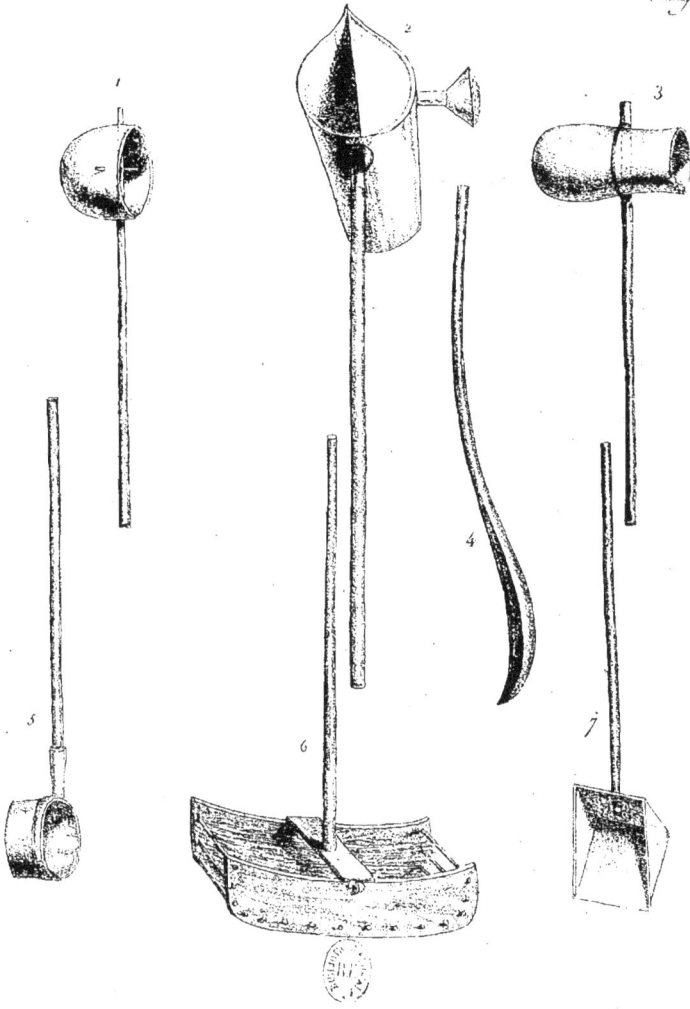

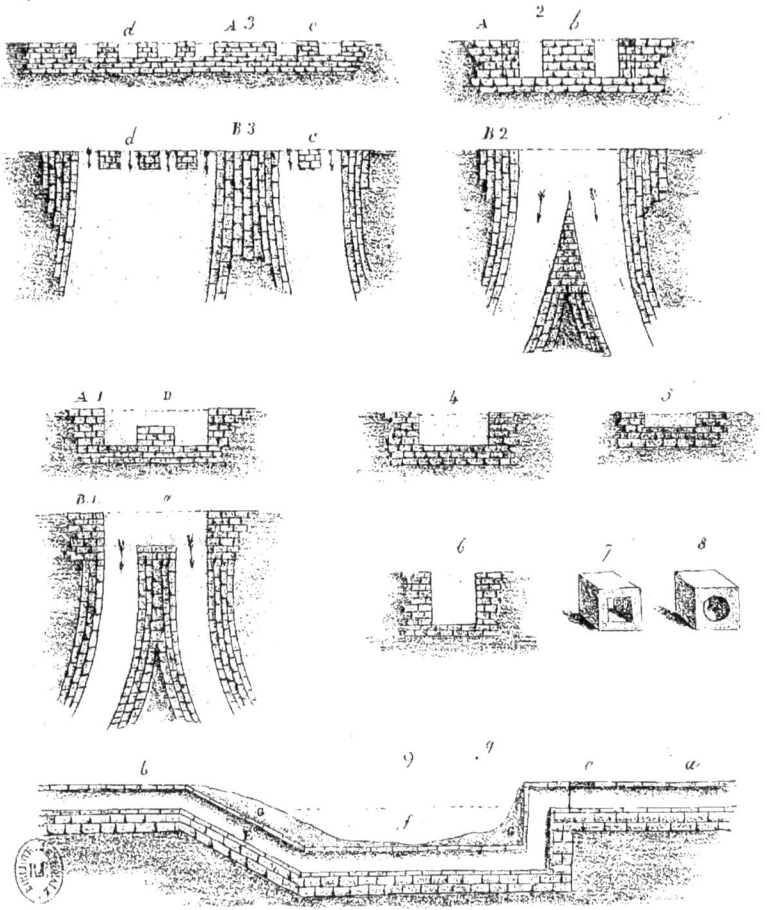

IRRIGATIONS.

PLANCHE IV.

Fɪɢ. 1. *Écluse pour le partage des eaux.*
Comme les eaux forment la richesse du cultivateur, dans les pays chauds, on s'est appliqué
dans ces contrées à en faire un partage com-
biné, de manière que chacun peut en recevoir,
avec précision et sûreté, la portion à laquelle
il a acquis des droits. Les Maures, habiles
en culture, ont fait sur cet objet des travaux
dont jouit encore le peuple espagnol. Nous
allons indiquer la manière dont on procède
dans le royaume de Valence.

Lorsque deux communes, ou deux propriétaires, ont un égal droit à un cours d'eau, on
le divise, en deux portions égales, par le moyen
d'une muraille *a* D qui s'élève au niveau du
sol, ou qui souvent n'a que la moitié de cette
hauteur. La fig. A représente la coupe du
canal, de la muraille qui le divise en deux,
et la manière dont elle est construite. La fig. B
représente le plan de ce même canal avec la
manière dont les eaux coulent après avoir été
divisées par la séparation D *a*. Lorsque l'eau est
abondante elle passe à plein canal, et recouvre
la division; mais lorsqu'elle vient à diminuer,
pendant les chaleurs de l'été, et que par cela
même elle est précieuse, elle se distribue également, et d'elle-même, par chaque canal.
On commence par niveler le sol du canal, et on
le couvre d'une maçonnerie horizontale, sur
laquelle on élève les murs qui doivent former
les parvis, ainsi que le mur de division, ayant
soin de donner les dimensions qui correspon-
dent à la quantité d'eau qui doit s'écouler.

Fig. 2. Canal divisé en deux bras, comme le
précédent, excepté que la muraille de division *b*
est angulaire, comme on le voit dans le plan B,
et s'élève à la hauteur des bords du canal A.

Fig. 3. Indique une division inégale, dont
l'une présente deux subdivisions, et l'autre
quatre. Le mur de séparation est indiqué par
les lettres A B, et ceux des subdivisions par
les lettres *dc*. On forme cette combinaison,
par la raison que le canal doit fournir sur un
point deux portions d'eau, et quatre sur l'autre.
Ainsi l'une des divisions est subdivisée en deux
issues, et l'autre en quatre, afin que chaque
intéressé puisse recevoir la quantité d'eau qui
lui convient; le canal C, qui a droit à deux
portions d'eau, les reçoit par ces deux issues;
et le canal *d*, à qui il revient quatre portions,
les reçoit également par les quatre issues dont
il se compose. On double les subdivisions pour
le cas où, la quantité d'eau venant à diminuer
de moitié, on puisse boucher une issue dans la
division *c*, et deux dans la division *d*, et que les
proportions puissent ainsi se trouver égales.

Fig. 4, 5, 6. Indiquent des subdivisions éta-
blies d'après les mêmes motifs, mais construites
dans des dimensions différentes.

Fig. 7 et 8. Représentent des pierres creusées en rond ou en carré, dans des dimensions
convenues, et qui donnent issue à l'eau à travers les petites digues de partage qu'on pratique
dans des canaux d'irrigation.

Fig. 9. *Canal d'irrigation construit sous un
torrent.* Ce canal se trouve à trois ou quatre lieues
de Muroiedro, en Espagne. Il est fait de briques
et voûté. L'eau vient de la partie *a*, un peu plus
élevée que la partie *b*. On met une grille verticale dans la partie *c*, afin d'arrêter les corps en-
traînés par le courant de l'eau. On la couvre
avec une pierre qu'on enlève pour retirer le
sable et les ordures qui se déposent dans un
creux pratiqué au fond du canal et en avant de
la grille. Cette partie est construite sans plan incliné, afin que les matières étant entraînées

avec moins de rapidité puissent se déposer dans le creux, tandis que le courant entraîne ces mêmes matières sur le plan incliné E, ménagé

dans la partie opposée. G G indiquent le sol du torrent, et ƒ l'élévation de ses eaux.

PLANCHE V.

Fig. 1. *Canal d'irrigation passant au-dessous d'un grand chemin.* Il est construit sur le même principe que le précédent. Son cours est de *a* en *b;* ses eaux se précipitent et se relèvent sous le chemin *c* par un plan incliné. Le grand chemin passe dans l'enfoncement *c*, au-dessus duquel remonte le canal construit en briques.

Fig. 2. *Manière de faire couler les eaux d'un fossé qui se croise avec un autre fossé.* On pratique dans ce fossé inférieur *a b* un conduit en bois ou en pierre; on bouche avec de la terre les deux côtés du fossé supérieur *cd*, qui doivent contenir les eaux. Ainsi l'eau de ce dernier peut continuer son cours sans tomber dans le fossé inférieur, tandis que celle du fossé inférieur trouve une issue à travers le canal qu'on a pratiqué. En usage dans le départ. de la Gironde.

Fig. 3. *Conduit ou aquéduc pour les irrigations.* On construit dans la Catalogne de petites murailles en moellons, surmontées d'une fuite de pierres de taille dans lesquelles coule l'eau qu'on veut conduire d'un lieu à l'autre pour l'irrigation des champs. On évite ainsi la déperdition de l'eau qui pénètre la terre, lorsqu'on la fait couler immédiatement sur sa surface, et l'on remédie aux inégalités du sol en formant ces espèces d'aquéducs qui sont ordinairement à fleur de terre, et qui ne s'en élèvent que lorsque les inégalités du terrain l'exigent. La lettre A représente le canal; et la lettre B, sa coupe.

Fig. 4, 5 et 6. *Instrumens propres à creuser des sources.* Cette manière ingénieuse de former des sources artificielles est en usage dans la Lombardie. L'eau qui s'écoule des montagnes, ou des rivières plus élevées, et qui se répand dans les plaines peu inclinées entre deux couches de terre, reflue vers la surface du sol, lorsqu'on ouvre la couche supérieure qui la recouvre. Pour lui donner une issue, on creuse avec une bêche un trou dans lequel on place un

tonneau sans fond, fig. 4, et dont l'extrémité inférieure des douves est crénelée. Le tonneau a 15 d. m. de haut, et 5 dans son diamètre supérieur; ses douves sont épaisses de 3 d. m. Afin de creuser plus profondément, et de faire enfoncer le tonneau, l'on remue, et l'on divise la terre qui est sablonneuse, avec une fourche en fer longue, y compris sa gouge, de 3 d. m., à laquelle est adapté un manche long de 34 d. m., fig. 6; il est traversé dans sa partie supérieure d'une cheville longue de 4 d. m., qui sert de poignée, pour faciliter son mouvement. On enlève à mesure la terre avec une cuiller à long manche, fig. 5, de forte tôle, qui a en carré 2 d. m., avec trois rebords élevés d'un d. m., son manche a 3 m. de long. En enlevant le terrain, on fait enfoncer le tonneau jusqu'à ce que son bord supérieur soit de niveau au sol. Alors l'eau inférieure est poussée au-dessus de ses bords, et s'écoule dans un canal préparé pour la recevoir. C'est ainsi qu'on se procure en Lombardie une grande quantité d'eau pour les irrigations. Cette précieuse méthode peut être employée avec un très-grand avantage dans des lieux et des circonstances analogues.

Fig. 7. *Briques concaves servant de conduit aux eaux.* L'usage de ces briques est commun en Catalogne pour conduire les eaux des norias dans les pièces de terre qu'on veut arroser. Elles ont à leur extrémité la plus évasée un enfoncement dans lequel s'ajuste avec exactitude l'extrémité moins ouverte d'une autre brique semblable; elles sont vernissées intérieurement, et liées avec du ciment sur une petite muraille en maçonnerie plus ou moins élevée, selon les inégalités du sol.

Fig. 8. *Conduits en bois.* Ils s'emboîtent les uns dans les autres, de la même manière que les tuiles dont nous venons de parler.

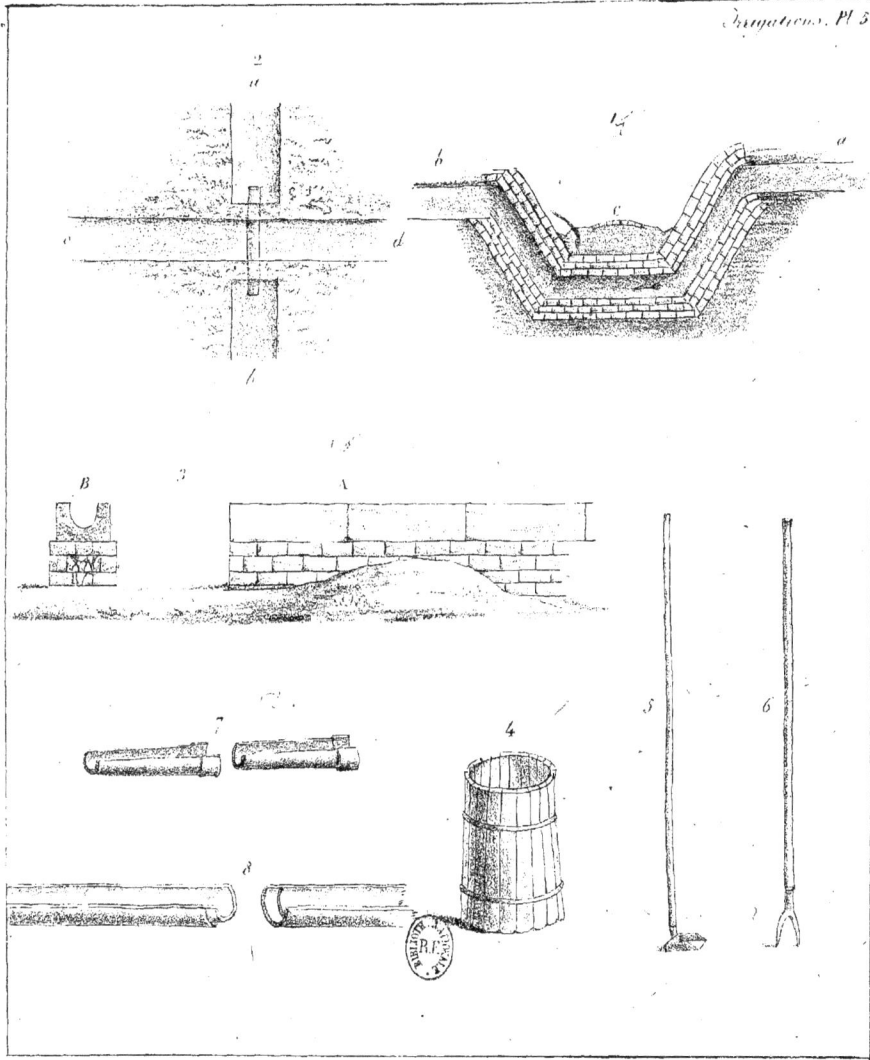

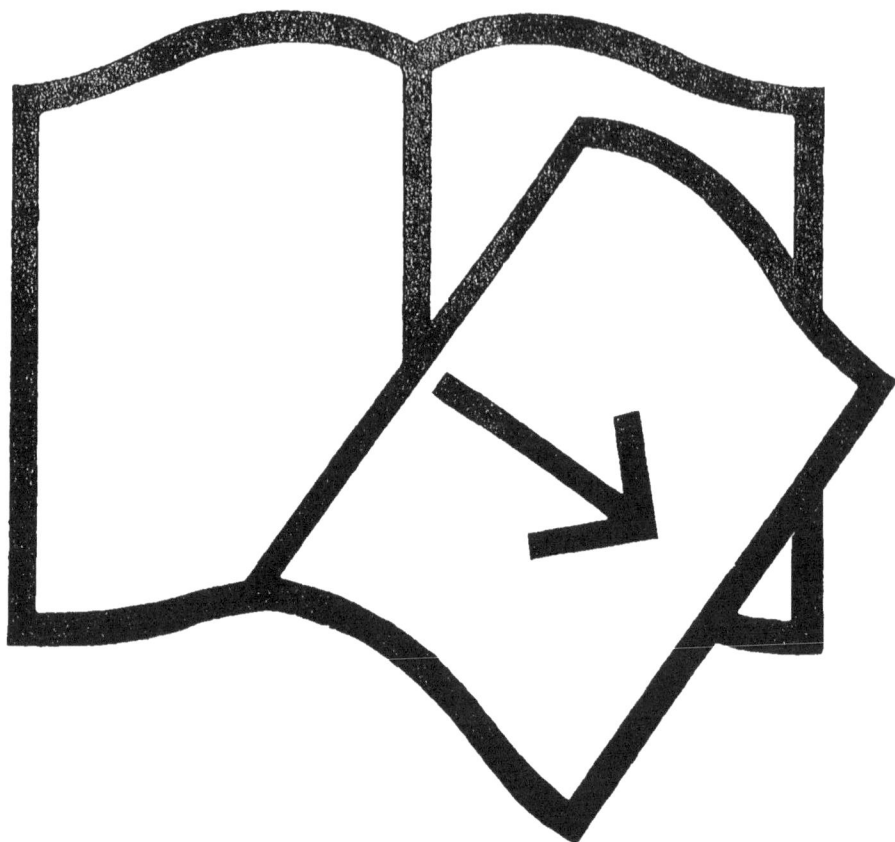

Documents manquants (pages, cahiers...)

NF Z 43-120-13

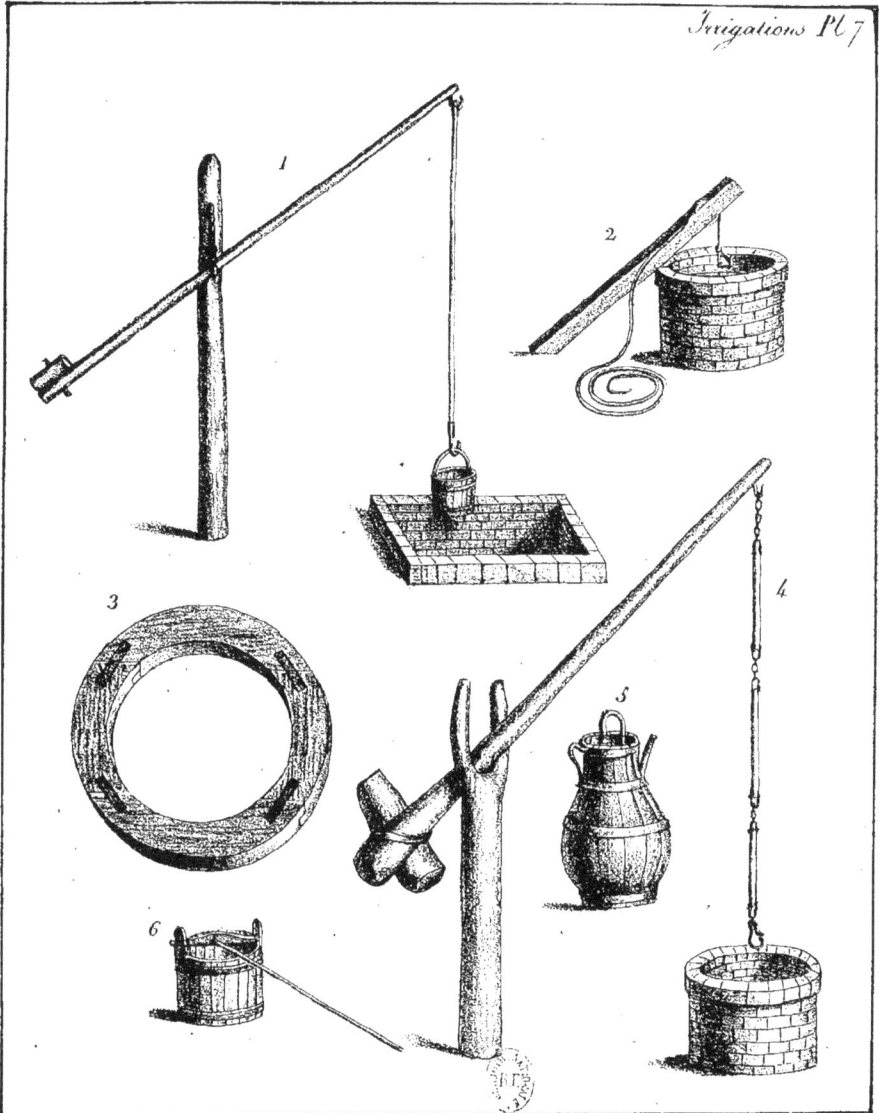

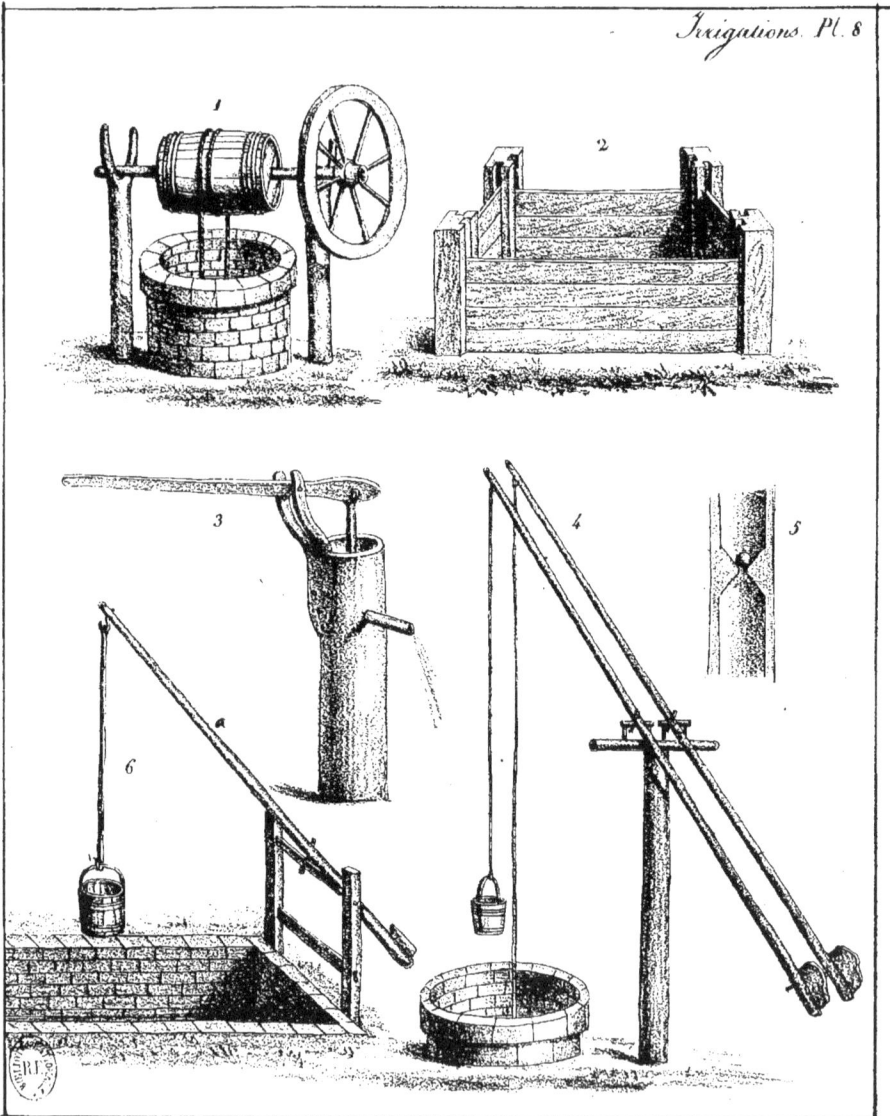

IRRIGATIONS.

PLANCHE VII.

Fig. 1. *Puits à bascule fixée sur un poteau par une chaîne.* Ce moyen de puiser l'eau, surtout lorsqu'elle n'est pas très-profonde, est commode et expéditif. Le levier, qui doit avoir un poids à son extrémité inférieure, est attaché au poteau avec une chaîne; l'extrémité opposée doit tomber verticalement sur le puits, afin que la perche puisse y descendre avec facilité. En usage dans la Castille et autres pays.

Fig. 2. *Solive à poulie pour élever l'eau.* Cette solive, fixée en terre et appuyée contre le bord du puits, est munie, à sa partie supérieure, d'une poulie à l'aide de laquelle on élève l'eau d'un puits. Usité dans plusieurs campagnes.

Fig. 3. *Manière de construire un puits.* On forme avec des planches fort épaisses une base circulaire, sur laquelle doit porter la muraille du puits. Après l'avoir posée sur le terrain où l'on veut creuser le puits, on élève la maçonnerie sur cette base à la hauteur de quelques décimètres. L'on creuse ensuite le puits, soit dans l'intérieur, soit au-dessous de la rondelle, de manière que celle-ci s'enfonce insensiblement par le poids dont elle est chargée. On continue à élever la muraille et à creuser le sol

jusqu'à ce que le puits soit terminé. Cette méthode économique a été pratiquée en Suède.

Fig. 4. *Puits à bascule et à perche brisée.* Il diffère du n° 1er par le poteau fourchu qui soutient le levier, et par la perche, qui est composée de trois parties liées par des chaînons. On fait usage de ce dernier moyen lorsqu'on est obligé, à raison de la profondeur de l'eau, d'employer une grande longueur de perche. Comme celle-ci ne pourrait tomber verticalement dans le puits, si elle était d'une seule pièce, elle doit être de plusieurs, afin de se prêter à l'inclinaison nécessaire. Les trois perches avec les chaînes avaient une longueur de 13 mètres, et le poteau en avait 7.

Fig. 5. *Seau en forme de poire.* Il est fait avec des douves contenues dans des cercles en fer. Il a un bec en fer-blanc pour verser l'eau, et une anse sur le côté qui sert à le pencher, une pour l'attacher lorsqu'on veut puiser l'eau. Il est solide et commode pour le transport. Usité dans les Landes de Bordeaux.

Fig. 6. *Seau à manche.* Il facilite le puisement de l'eau lorsque celle-ci est peu profonde. Usité en Suisse.

PLANCHE VIII.

Fig. 1. *Puits à roue et à tonneau.* On élève l'eau en faisant tourner une roue de charrette qu'on a adaptée à l'extrémité d'un essieu, sur le centre duquel est fixé un tonneau. L'essieu tourne sur deux pieux fourchus. Ce genre de mécanisme est usité dans le département de la Gironde.

Fig. 2. *Puits formé avec des planches.* Lorsque l'eau est peu profonde, dans un sol sablonneux, on soutient le terrain par des planches, qu'on fait entrer dans les rainures de quatre poteaux enfoncés en terre. En usage dans les Landes.

Fig. 3. *Pompe en bois ayant une boule pour soupape.* On ménage dans le corps d'une pompe, à peu de distance au-dessous du piston, un rétrécissement conique, Fig. 5, qui s'ajuste exactement avec une boule en plomb, de sorte que l'eau repousse la boule, et se fait un passage par l'ouverture lorsqu'elle est aspirée par le piston; tandis que la boule retombe par son propre poids lorsque l'eau est foulée par le piston. Le

passage se trouve alors fermé, et l'eau est forcée de s'échapper par la canule ou conduit extérieur. Ce genre de pompe est peu sujet aux réparations, et convient bien aux besoins d'une ferme. Usité dans quelques endroits.

Fig. 4. *Bascule double pour puiser l'eau.* On en fait usage dans le Piémont pour les irrigations. Elle accélère le travail, puisqu'un homme seul peut tirer deux seaux à la fois, ou que deux ouvriers peuvent puiser en même temps lorsque le besoin l'exige. Les deux seaux doivent être fixés à une distance égale de l'extrémité de la bascule.

Fig. 6. *Puits à bascule fixée sur un axe.* On en fait usage dans la Biscaye, lorsque l'eau se trouve à peu de profondeur. La bascule porte sur une traverse, qui tourne librement dans deux trous pratiqués à la partie supérieure de deux poteaux fixés en terre, et liés ensemble vers la moitié de leur hauteur par une autre traverse.

PLANCHE IX.

Fig. 1. *Noria à bras*. On construit ces norias dans les circonstances où l'on n'a pas besoin d'une grande quantité d'eau. Celle qu'on représente ici suffisait aux besoins d'une fabrique de faïence dans le royaume de Valence. Elle est composée d'une lanterne à manivelle, qui tourne sur deux poteaux, et qui communique le mouvement à une roue dentée. L'arbre porte, à l'une de ces extrémités, la roue sur laquelle tournent les godets qui montent l'eau, et ses axes sont soutenus par deux poteaux avec des contre-forts en bois. Les godets en fer-blanc ont 2. d. m. de profondeur, et sont attachés entre les deux cordes au moyen d'une petite anse. Une auge en bois, soutenue par deux poteaux, sert à recevoir l'eau des godets. Cette petite machine, très-simple, très-peu coûteuse, peut trouver un emploi utile pour les besoins d'une ferme. Elle est assez élevée pour que l'ouvrier qui fait agir la manivelle ne puisse toucher avec sa tête l'arbre qui porte les roues.

Fig. 2. *Vannette*. C'est une lame en fer, large de 5. d. m., employée dans le haut Valais pour détourner sur une certaine étendue de prairies l'eau des rigoles. A cet effet, un ouvrier jette avec force à travers la rigole l'instrument qu'il tient d'une main, de manière que l'eau, se trouvant interceptée dans son cours, se dirige sur la prairie. Lorsqu'une partie est suffisamment arrosée, on lève la vannette, en la saisissant par le manche et par la poignée; et on continue d'opérer de la même manière sur une autre partie de la rigole, afin d'arroser successivement toute la prairie.

Fig. 3. *Tranchoir pour les rigoles*. On l'emploie également dans le Valais pour couper les gazons dans les endroits où l'on veut faire des rigoles. Ces gazons s'enlèvent ensuite avec la lame en forme de houe, placée à l'opposite du tranchoir. Celui-ci a 17 c. m. de largeur et 11 de hauteur. Le fer de la houe a 12 à 13 c. m. de long.

Fig. 4. *Roue à bascule pour élever l'eau*. C'est une grande roue garnie à sa circonférence de palettes qui portent des godets ou seaux, ainsi qu'on le voit à la lettre A. Les pignons de la roue sont portés à l'extrémité de deux solives placées en équilibre, et contenues par une cheville sur une pièce de bois fixée dans une muraille. Un poteau B, planté dans la rivière entre les deux solives, sert à tenir la roue dans une position plus ou moins élevée, selon que les eaux de la rivière augmentent ou diminuent, ou selon que l'on veut faire agir la machine ou la tenir en repos. Lorsqu'on veut élever la roue, on charge avec de grosses pierres l'extrémité opposée des solives C. On retire les pierres lorsqu'on veut la faire descendre dans le courant d'eau; on fixe la roue au degré d'élévation où elle doit se trouver, au moyen d'un bâton qu'on fait passer dans les trous pratiqués dans la longueur du poteau. Le courant, indiqué par une flèche, frappe contre les palettes, et fait tourner la roue dont les godets se remplissent, et vont déverser l'eau dans une auge E établie sur la muraille. Les deux solives doivent être liées et consolidées par une traverse située près de la circonférence de la roue, et par trois ou quatre autres traverses qui servent à soutenir les pierres. J'ai vu cette machine dans le Tyrol, au delà d'une rivière que je n'ai pu franchir; ce qui m'empêche de donner la dimension des diverses parties dont elle se compose. La roue m'a paru avoir 7 à 8.m. de diamètre. La simplicité de cette machine ingénieuse, la facilité et l'économie de sa construction, méritent l'attention spéciale des cultivateurs placés dans des circonstances où ils peuvent en tirer parti pour l'irrigation des prairies.

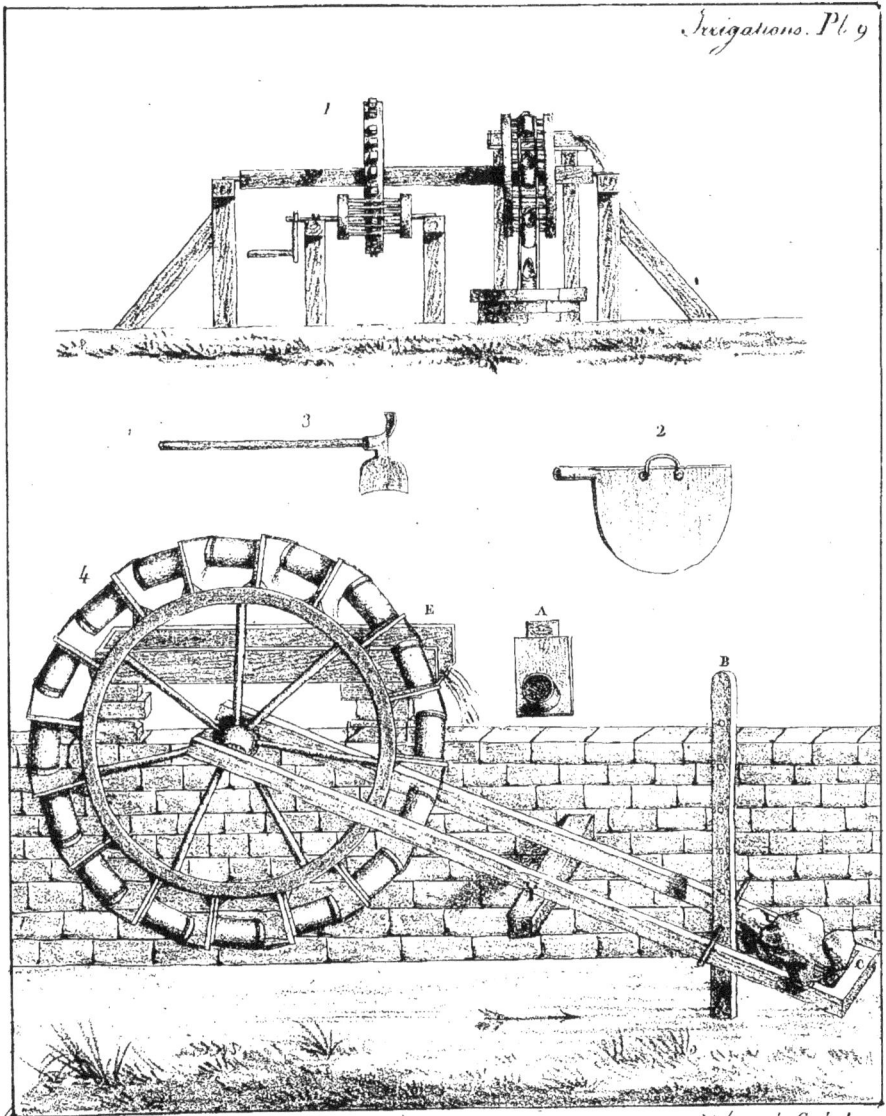

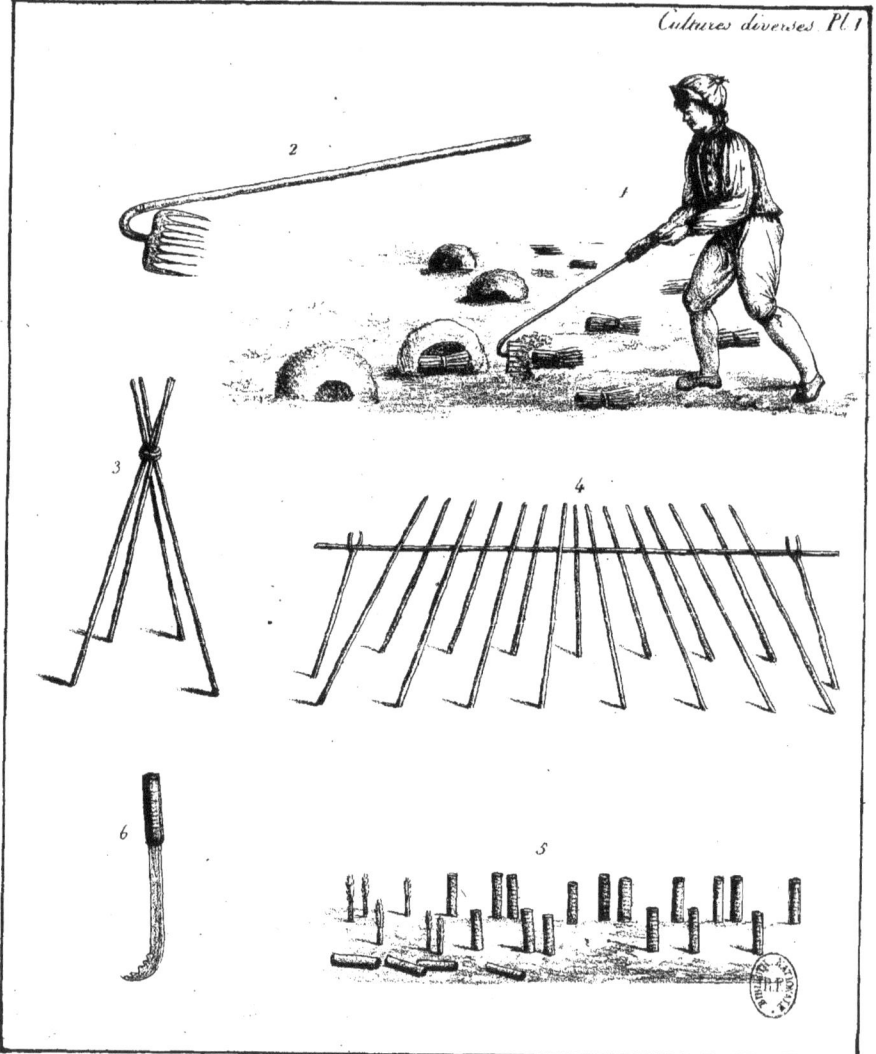

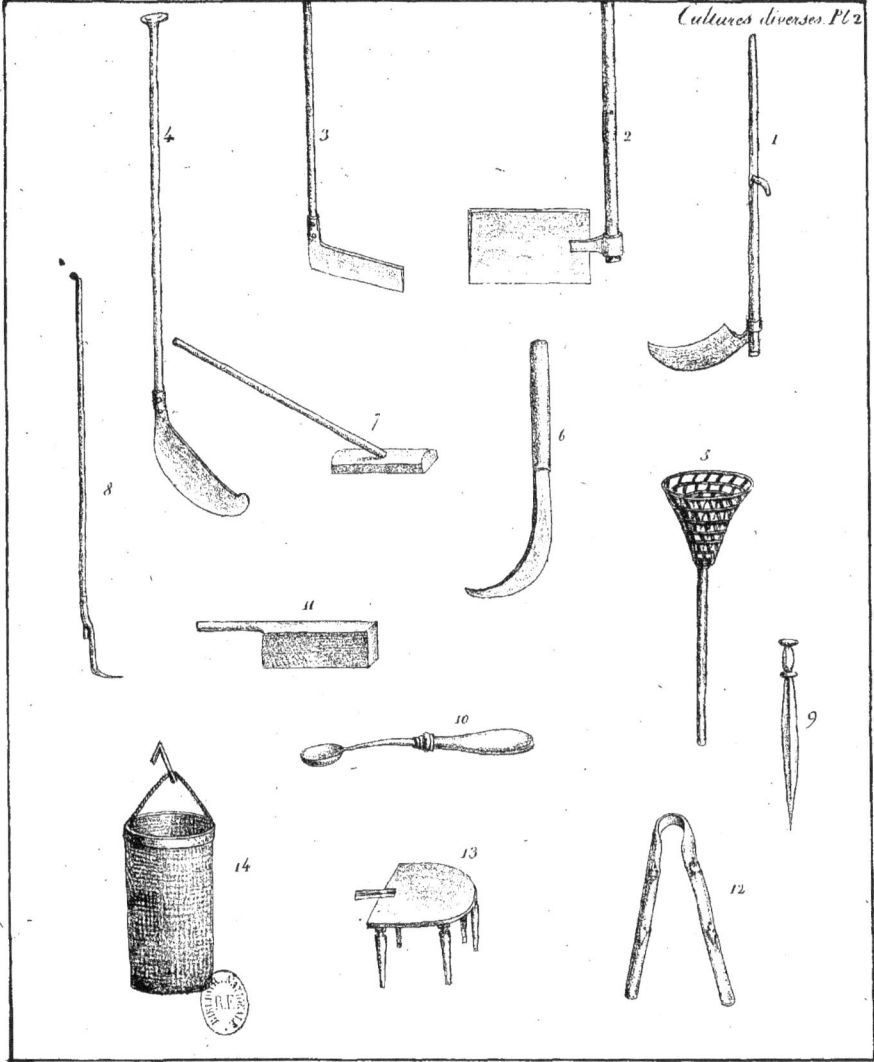

Lithog. de C. de Last

CULTURES DIVERSES.

PLANCHE PREMIÈRE.

Fig. 1. *Manière d'écobuer la terre.* L'écobuage des terres a trouvé un grand nombre de contradicteurs. La pratique qui a lieu en Catalogne, depuis un temps immémorial, prouve que cette méthode, lors même qu'elle est pratiquée annuellement, est un grand moyen de procurer la fertilité au sol. On écobue la terre tous les ans dans quelques parties de la Catalogne, et dans d'autres, tous les trois ou quatre ans, surtout dans les terrains argileux. Et cette opération, dispendieuse dans un pays où le bois est cher, procure chaque année de bonnes récoltes.

Après avoir labouré un champ, on place, de distance en distance, de petits fagots de broussailles, autour desquels on ramasse la terre avec l'instrument représenté fig. 2. On jette ensuite avec cet instrument, sur les fagots, les plus grosses mottes, et puis les plus petites; enfin on recouvre le tout de terre, en se servant d'une large houe. Pendant le temps de la combustion, on jette de nouvelle terre sur ces monceaux, nommés *formigas.* Ils ont ordinairement 1 m. de diamètre à leur base, sur 5 d. m. d'élévation. On en fait aussi de forme oblongue. On répand la terre sur le champ lorsqu'elle a été brûlée, et on donne un labour avant d'ensemencer. La terre, ainsi préparée, est aussi fertile que si elle eût été bien fumée. C'est une pratique importante qui demande à être tentée, et dont l'introduction parmi nous pourrait fertiliser des terres qui restent improductives par défaut de fumier.

Fig. 2. *Houe à huit dents.* Elle est employée pour l'écobuage.

Fig. 3. *Rames pour les tomates.* On les établit avec quatre roseaux liés à leur sommet. Les tomates, les courges, etc., étant élevées au-dessus du sol, mûrissent plus facilement. Usité en Espagne.

Fig. 4. *Rames pour les pois.* On plante en terre deux piquets fourchus, sur lesquels on pose une traverse. On enfonce en terre, à une certaine distance des côtés de cette traverse, des lattes qui viennent s'y appuyer, et après lesquelles grimpent les haricots ou les pois. C'est la manière de les ramer dans quelques parties de l'Allemagne.

Fig. 5. *Culture d'asperges.* On emploie dans le royaume de Valence, pour faire blanchir les asperges, des portions de canne (*arundo donax.* L.) qui sont ouvertes par un bout, et fermées par un nœud conservé à l'autre extrémité. Lorsque les asperges sont élevées hors de terre à la hauteur d'un d. m. ½, on les fourre dans la canne, qui défend tout accès à l'air et à la lumière. C'est ainsi qu'on les fait blanchir. Les morceaux de canne, longs de 2 d. m., sont taillés en biseau, afin qu'on puisse les enfoncer plus facilement.

Fig. 6. *Couteau à couper les asperges.* C'est avec cet instrument que les cultivateurs des environs de Paris coupent la tige des asperges à 7 ou 8 c. m. au-dessous de la superfie du sol. La lame, longue de 5 d. m., a, dans la partie courbe de son extrémité, des dents inclinées vers le manche. Elle est épaisse de 4 à 5 m. m. et large de 2 c. m., et de 2¼ dans la partie dentée.

PLANCHE II.

Fig. 1. *Fauchon pour couper les ajoncs et les bruyères.* Il a une lame fort épaisse, longue de 3 d. m., et large de 16 c. m. vers le manche. Elle est nommée *dayat* dans le département des Basses-Pyrénées, où on en fait usage. Son manche a 12 d. m. de longueur. Il est muni, vers le milieu, d'une poignée coudée, longue de 3 d. m.

Fig. 2. *Couperet pour tailler les broussailles.* Il est usité dans l'Andalousie pour couper les *camerops humilis.* L. , très-communs dans les champs. La lame a 22 c. m. de long sur 14 de large. Le manche a 8 d. m. de long.

Fig. 3. *Tranchoir pour les bruyères.* On le nomme *indar* dans le département des Landes, où il est employé pour couper la bruyère. Sa lame a de 25 à 35 c. m. de long sur 8 ou 16 de large.

Fig. 4. *Tranche-gazon.* Son manche à béquille, long de 13 d. m. , s'attache à la gouge d'une lame longue de 4 d. m. et large de 11 à 12 c. m. Lorsqu'on veut enlever des garous pour faire des rigoles, on désigne l'alignement avec un cordeau ; et, après avoir coupé l'herbe et la terre avec cet instrument, on dégage avec une bêche.

Fig. 5. *Support pour les citrouilles.* C'est un panier en entonnoir, à la base duquel est fixé un piquet qui s'enfonce en terre. On y pose les citrouilles, aux environs de Rome, pour qu'elles ne soient pas gâtées par l'humidité du sol. Il a une ouverture de 38 c. m. et une longueur de 26.

Fig. 6. *Faucille à transplanter.* Les cultivateurs des environs de Valence en font usage pour couper la terre et une portion des racines d'une plante qu'ils veulent transplanter. Le tranchant se trouve sur la courbure extérieure de la lame ; il a 3 ¼ d. m. ; le manche a 22 c. m.

Fig. 7. *Batte à manche.* On s'en sert pour battre les aires de grange, les allées, etc. Elle est faite avec un billot de bois, long de 35 c. m. , large de 20 et épais de 9, et un manche incliné, long de 9 d. m.

Fig. 8. *Crochet pour esherber entre les pavés.* Il est employé à Paris pour déraciner les herbes qui croissent dans les cours entre les pavés. Son manche a 7 d. m. Son fer a 10 c. m. de sa pointe à sa coudure, et 15 de cette partie à son extrémité supérieure.

Fig. 9. *Épée pour tailler les feves.* Les cultivateurs du royaume de Valence engraissent leurs rizières avec la tige des fèves *faba equina.* L. , qui parviennent, à la fin de mars, à une élévation de 14 à 15 d. m. Alors un ouvrier, en faisant agir, à droite et à gauche, une large épée tranchante des deux côtés, taille les tiges des fèves en trois longueurs à peu près égales. La lame a 6 d. m. de long. Ce genre d'engrais pourrait remplacer avec avantage les fumiers.

Fig. 10. *Cuiller pour enlever les yeux des pommes de terre.* L'économie des matières nutritives est toujours une chose importante dans les temps de disette. Et comme l'œil de la pomme de terre est susceptible de reproduire la plante, on enlève ces yeux avec célérité, en employant une petite cuiller en fer, de forme semi-sphérique, à bords tranchans.

Fig. 11. *Batte-gazon.* Il est employé pour affermir les gazons que l'on dispose pour former des bancs. C'est un billot de bois, long de 2 d. m. , large de 11 c. m. , et épais de 8 c. m. Il a une poignée longue de 12 c. m.

Fig. 12. *Pincette pour ramasser les châtaignes.* Elle est faite avec un morceau de roseau fendu en deux, et courbé par le moyen de la chaleur. On l'emploie en Toscane pour ramasser les châtaignes qui sont couvertes de leur enveloppe piquante. Cette pince, très-élastique, s'ouvre d'elle-même lorsqu'on cesse de la presser.

Fig. 13. *Tabouret pour égruger les panicules de maïs.* On y adapte une lame de fer dont les bords sont posés dans un sens vertical. Un ouvrier, assis sur le tabouret, prend à deux mains un panicule de maïs, qu'il égraine en frottant contre le bord supérieur de la lame. On en fait usage dans le département des Hautes-Pyrénées.

Fig. 14. *Sac pour cueillir les feuilles.* On fixe à son ouverture un cercle en bois avec une corde, à laquelle on attache un petit crochet. L'ouvrier, monté dans un arbre, suspend le sac à une branche par le moyen du crochet, et il le remplit de feuilles à mesure qu'il dépouille les branches. En usage dans le duché de Parme.

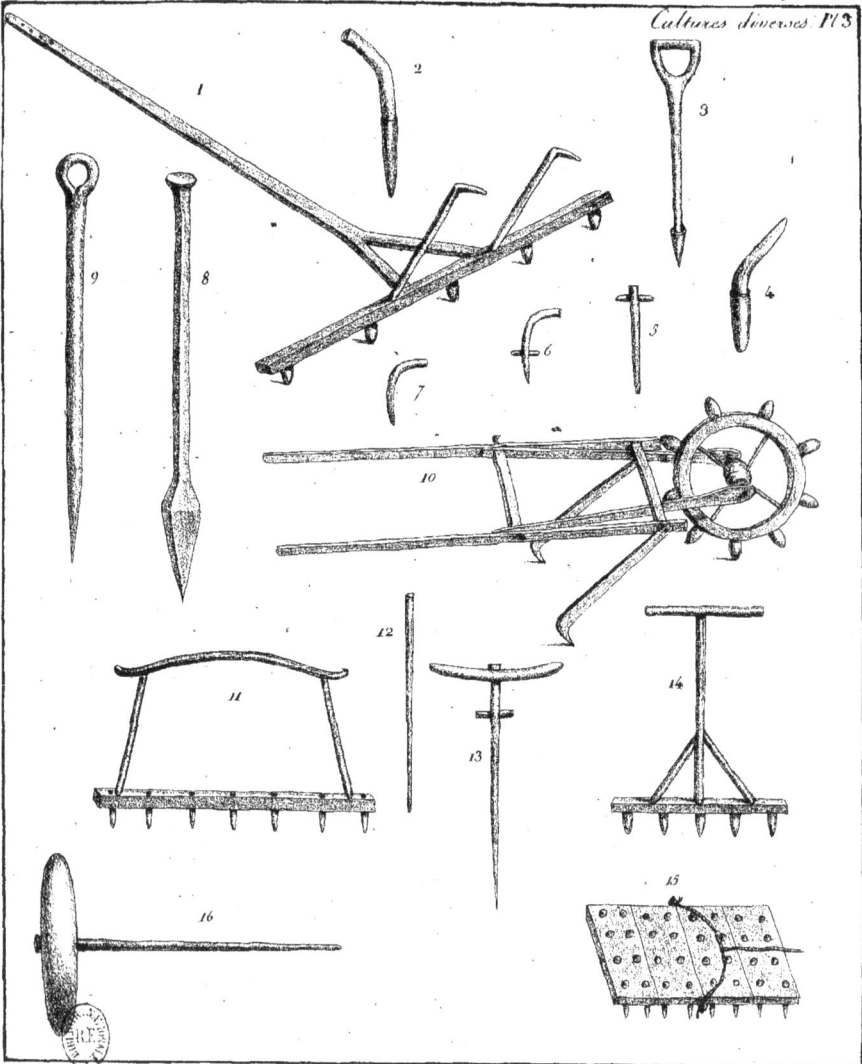

CULTURES DIVERSES.

PLANCHE III.

Fɪɢ. 1. *Traçoir*. On fait usage de cet instrument dans le département des Hautes-Pyrénées pour tracer les lignes sur lesquelles on doit semer le maïs. Il est composé d'une flèche à laquelle on attelle les bœufs à l'une des extrémités, et qui se fixe par son autre extrémité à une longue traverse de bois, qui porte un nombre plus ou moins grand de chevilles ou traçoirs. Cette traverse est surmontée de deux manches, qui servent à diriger le traçoir. Lorsqu'on a parcouru la longueur du champ, on fait passer dans la dernière ligne une des chevilles placées à l'extrémité de la traverse, afin d'obtenir par toute la pièce de terre des distances égales.

Fig. 2. *Plantoir garni en tôle*. Sa longueur totale est de 25 c. m.

Fig. 3. *Plantoir à poignée*. Il a 8 d. m. de long. Il est garni d'un fer à son extrémité. Sa poignée, large de 12 c. m., facilite beaucoup l'opération du plantage. En usage en Hollande.

Fig. 4. *Plantoir obtus à son extrémité*. Il ressemble à celui de la fig. 2. Mais il est plus gros à son extrémité, étant employé pour les plantes à racines touffues.

Fig. 5. *Plantoir pour les arbres*. On le fait plus ou moins gros ou long, selon les besoins. Il sert à planter les osiers, les peupliers, les saules, etc. La cheville placée à son extrémité supérieure sert à l'enfoncer en terre ou à le retirer.

Fig. 6. *Plantoir à cheville*. Cette cheville sert à déterminer la profondeur du trou qu'on veut faire.

Fig. 7. *Plantoir ordinaire*.

Fig. 8. *Plantoir en fer renflé à son extrémité*. Il sert pour planter les arbres d'une certaine grosseur. On en fait usage en Italie.

Fig. 9. *Plantoir en fer avec un anneau au sommet*. Il sert en Espagne, ainsi que dans le dé-partement des Pyrénées-Orientales, pour planter les arbres et la vigne. On l'enfonce ou on le retire de terre par le moyen d'une verge de fer qu'on fait passer dans l'anneau qu'il porte à son extrémité. Il a 12 d. m. de long, et 5 à 6 c. m. de diamètre.

Fig. 10. *Plantoir pour les pommes de terre*. C'est une espèce de brouette qui porte à sa roue des plantoirs longs de 12 c. m., ayant 10 c. m. dans leur plus grand diamètre, et 3 à leur extrémité. Ils sont placés sur la circonférence de la roue dans une distance proportionnée à celle que l'on veut conserver entre les plans de pommes de terre, de sorte que souvent on ne met que 5 plantoirs au lieu de 9. Les deux bras à crochet qui tournent sur un boulon à l'extrémité du brancard, et qui ont 9 d. m. de long, servent de traçoirs pour régler les distances à observer entre les rangées. On les relève à volonté par le moyen d'une corde qui s'attache aux chevilles placées sur le côté des brancards. Ils sont distans l'un de l'autre de 9 d. m. La roue a 7 d. m. de diamètre. Cet instrument, usité en Suède pour le plantage des pommes de terre, est très-bien imaginé, surtout dans les terrains légers. On ne le charge avec des pierres lorsque les plantoirs n'enfoncent pas assez profondément.

Fig. 11. *Plantoir à plusieurs chevilles*. C'est une pièce de bois carrée, longue de 12 d. m., sur laquelle sont fixées sept dents, et qui porte une poignée élevée de 6 d. m. On l'emploie dans le canton de Zurich pour semer ou pour planter les légumes.

Fig. 12. *Plantoir en fer*. Il est analogue à celui de la fig. 9, et a 12 d. m. de long. On en fait usage à Malaga, où, après avoir creusé des tranchées pour planter la vigne, on forme au fond de ces tranchées, avec le plantoir, un trou de

8 d. m. de profondeur. On y met le plan, et on y jette de la bonne terre, qu'on fait descendre avec une baguette de fer.

Fig. 13. *Plantoir en fer avec un arrêt.* Il a 1 mètre de cet arrêt à la pointe, et 2 d. m. de ce dernier point au manche. Celui-ci a 7 d. m. de long, et la cheville qui sert d'arrêt a 2 c. m. On l'emploie à Rome pour planter la vigne. On en fait également usage à Pise, où l'on a coutume de jeter du sable dans le trou après qu'on y a mis le sarment, ce qui facilite le développement des germes.

Fig. 14. *Plantoir à plusieurs chevilles et en béquille.* Il est du même genre que celui représenté à la fig. 11.

Fig. 15. *Plantoir en planche.* C'est un plateau en planche auquel on fixe des chevilles qui forment autant de trous. A cet effet on le pose sur le sol, on monte au-dessus, et on le soulève avec une corde à laquelle il est attaché : on varie ces dimensions selon les graines ou les plantes qu'on veut confier à la terre. Il est en usage en Suède.

Fig. 16. *Plantoir en fer et en vrille.* On l'emploie en Catalogne pour faire les trous dans lesquels on plante les ceps de vigne. On pose ceux-ci en files à la distance de 9 d. m. les uns des autres, et chaque file est séparée par un intervalle de 36 d. m. Son manche a 5 d. m. de long, et le fer a 10 d. m. de long et 2 ½ c. m. de diamètre.

PLANCHE IV.

FIG. 1. *Houe à bras.* Cet instrument est très-propre à donner des labours aux plantes disposées par rangées. Il se compose d'un avant-train et d'un arrière-train réunis par une charnière. La roue en fer est fixée à l'une des extrémités de l'arrière-train, qui se termine, ainsi que l'avant-train, par un manche en béquille. Le fer de houe se fixe dans l'arrière-train à peu de distance de la roue. Lorsqu'on veut travailler la terre entre les rangées, un ouvrier placé à la partie antérieure tire la houe, tandis qu'un second la pousse par l'autre extrémité. On pourrait la disposer de manière qu'elle fût tirée par un petit âne.

Fig. 2. *Ravale en caisson.* C'est un instrument destiné à égaliser la surface du sol, en enlevant la terre des parties trop éminentes, et en la transportant dans les parties creuses. Il est composé d'un fond en planche, armé dans sa partie antérieure d'une lame de fer pour couper et prendre plus facilement la terre. Ce fond est garni, par-derrière et sur les côtés, de planches liées avec des tenons, et servant à retenir la terre. Un manche qui traverse la planche du derrière, et qui se fixe sur le fond, sert à guider l'instrument. Il est tiré par un cheval qu'on attelle au palonnier, attaché sur les côtés de la caisse par deux chaînes. Lorsqu'elle est suffi-

samment remplie de terre, l'ouvrier appuie sur le manche de manière à soulever la partie antérieure. Il la conduit ainsi dans le lieu où doit être versée la terre. Elle est en usage chez quelques bons cultivateurs du nord de l'Europe.

Fig. 3. *Ravale oblongue.* Elle ne diffère de la précédente que par sa forme et ses dimensions. Elle a 13 d. m. de long, sur 25 c. m. de large. Son grand rebord a 7 c. m. de hauteur. Le manche, mesuré extérieurement, a 42 c. m. de long. Sa plus grande largeur est de 15 c. m. Il est percé à son extrémité, afin de donner prise à l'ouvrier. On le construit quelquefois sans lame. On l'emploie dans le royaume de Valence, non-seulement pour égaliser les terres labourables, mais surtout pour niveler les champs qui doivent être soumis à l'irrigation.

Fig. 4. *Ravale de forme carrée.* Le bord antérieur a 7 d. m. d'ouverture, et le fond en a 6 de long et 1 ½ d'élévation. Les côtés ont 6 d. m. de longueur. Le manche a 4 d. m. Les anneaux sur les côtés servent à atteler un cheval. Cet instrument, en usage dans le royaume de Valence, pourrait, étant construit sur de plus petites dimensions, être très-utile pour commencer à creuser les fossés.

Fig. 5. *Crochet pour faucher.* C'est le crochet dont il est parlé dans la série *Faux et Fourches,*

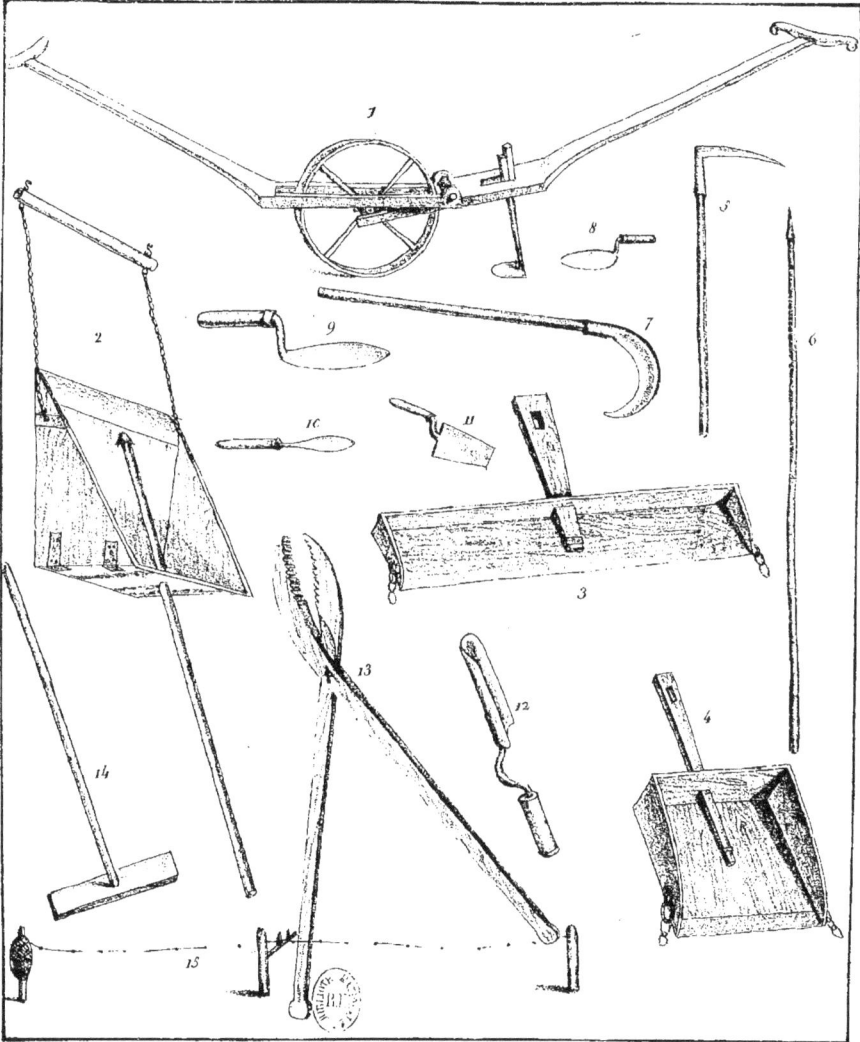

pl. 1re, fig. 7, et qu'on a oublié de figurer en son lieu.

Fig. 6. *Traçon.* Il sert à tracer au cordeau les lignes où l'on doit semer ou transplanter; c'est une perche armée d'une pointe de fer, qui sert en même temps de mesure. On indique par de petits clous les différentes parties des mesures.

Fig. 7. *Serpe à couper les chardons.* On l'emploie aussi en Andalousie à tailler les broussailles. La lame, non compris la douille, a dans sa plus grande courbure 26 c. m., et 8 dans sa plus grande largeur.

Fig. 8. *Truelle pour enlever les ognons.* Elle est employée dans les jardins d'agrément pour les ognons de fleurs ou les petites plantes. Le manche a 13 c. m. de long, et la lame 12, sur 6 c. m. dans sa plus grande largeur.

Fig. 9. *Truelle pour transplanter.* On en fait usage dans les jardins aux environs de Valence en Espagne. Elle est commode, soit qu'on veuille déraciner les plantes, ou les enlever avec la terre pour les transplanter. Sa lame a 2 d. m. de long, la partie qui forme le coude a 5 c. m., et le manche 2 ½ d. m.

Fig. 10. *Spatule à remuer la terre.* On s'en sert pour donner un labour à la terre des pots et des caisses à fleurs. Sa lame a 14 ⁷⁄ c. m., et son manche 17.

Fig. 11. *Truelle carrée.* Elle est employée pour remplir de terre les pots de fleurs. Son manche a 4 c. m. de long, et son collet en retour d'équerre en a 7. La longueur de la lame est de 20 c. m., sa plus grande largeur de 15 c. m., et sa plus petite de 8 c. m.

Fig. 12. *Transplantoir.* C'est un instrument de fer, en forme de gouge, d'une plus ou moins grande dimension, qui sert à enlever de terre les plantes que l'on veut transplanter.

Fig 13. *Échardonnoir.* C'est une pince en bois avec laquelle on saisit les chardons à fleur de terre, et on enlève leur profonde racine, qui ne repousse plus, ainsi qu'il arrive lorsqu'elle se trouve brisée à peu de distance de la superficie du sol. Ses deux branches ont 15 d. m. de long, et la partie qui forme les pinces est dentelée, et a une longueur de 18 à 19 c. m.

Fig. 14. *Rabot pour égaliser le terrain.* C'est une planche que l'on assujettit au bout d'un manche, et qui est surtout employée pour égaliser le sable dans les allées.

Fig. 15. *Porte-cordeau.* On emploie cet instrument lorsqu'on veut empêcher qu'un cordeau tiré à une grande distance ne traîne sur le terrain; car dans ce cas il serait difficile de bien prendre l'alignement. Il est composé d'un piquet qui porte à sa partie supérieure une potence avec deux chevilles entre lesquelles repose le cordeau. Celui-ci est garni de nœuds qui servent à régler les distances qu'on veut donner aux plantes.

1

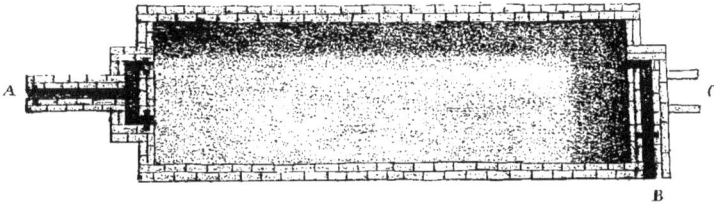

A   C

B

2. C

2. B

2. A

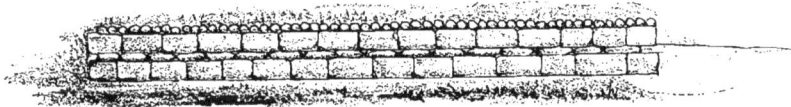

3

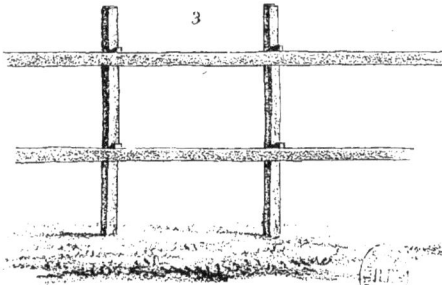

4

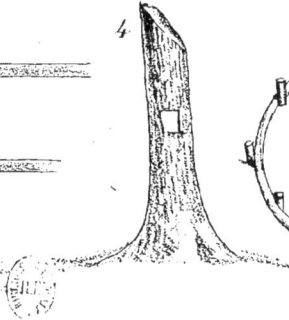

5

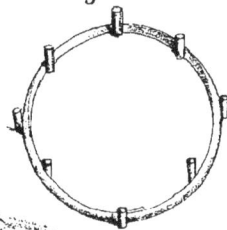

Lithog. de C. de Last

CULTURES DIVERSES.

PLANCHE V.

Fig. 1. *Routoir en béton*. Ces routoirs sont très-nombreux aux environs de Valence en Espagne, où on les nomme *balzas*. Pour les construire, on fait dans les champs des fossés de la profondeur, de la largeur et de la longueur qu'on veut donner aux murailles du routoir; puis l'on remplit ces fossés avec du mortier à chaux et à sable, mélangé de cailloux de rivière de la grosseur d'une noix jusqu'à celle du poing et au-dessus. On commence par jeter le mortier, puis des cailloux par couches peu épaisses, et l'on bat les cailloux à chaque fois avec une demoiselle. On élève une partie de la muraille à la hauteur de 45 à 65 c. m., et on laisse sécher pendant quatre ou cinq jours. L'on continue l'ouvrage de manière à reprendre au-dessus de la portion qu'on avait terminée quelques jours auparavant : on forme ainsi une solide et très-durable construction, connue sous le nom de *béton*, qu'on élève à fleur de terre. On enlève ensuite la terre qui se trouve dans l'intérieur des murailles jusqu'à leur base, après quoi l'on forme le sol en jetant le même mélange de mortier et de cailloux.

Ces réservoirs durent cent et cent cinquante ans, et se maintiendraient des siècles, si l'eau âcre dans laquelle le chanvre a macéré ne corrodait les pierres et surtout le ciment employé à leur construction. Les cailloux quartzeux qui entrent dans le béton ne sont pas susceptibles d'être corrodés : on les voit aussi ressortir à la surface des murailles. On remplit les *balzas* en détournant l'eau d'un ruisseau ou de tout autre manière : on les vide avec des seaux. On en trouve où l'on a construit un puisard à l'extérieur des murailles, avec une communication intérieure. C'est par ce puits qu'on vide l'eau. Les habitans des campagnes tiennent ordinairement ces réservoirs remplis d'eau dans le courant de l'année, et ils s'en servent pour laver le linge.

L'intérieur du routoir a 13 m. de long sur 4 de large, et 1 mètre ¼ de profondeur. Les murailles ont ordinairement 4 d. m. de largeur. Elles sont recouvertes en dalles. A. Canal par lequel on donne entrée à l'eau : il a 26 c. m. de large ; sa longueur est plus ou moins considé-rable. Les deux murailles qui le forment portent à leur entrée une rainure dans laquelle on met une planche pour arrêter l'eau, ou qu'on enlève lorsqu'on veut qu'elle coule à travers le routoir. Ce canal se divise à droite et à gauche, et conserve la même largeur jusqu'au point où, ces deux branches reprenant la direction primitive du canal, se rétrécissent et portent seulement 18 c. m. de large. Cette division est formée par un massif en maçonnerie long de 13 d. m. et large de 4. On pratique aux deux extrémités de ce massif, ainsi qu'à l'entrée du canal, des rainures qui reçoivent une planche lorsqu'on veut arrêter le cours de l'eau. L'eau sort du routoir par une ouverture qui se prolonge jusqu'en B. Cette issue, large de 3 d. m., et formée par un abaissement de quelques c. m. que reçoit la muraille dans la longueur de 18 d. m. Elle porte une rainure qui sert également à arrêter les eaux par le moyen d'une planche. C Indique deux pierres posées le long de ce canal, distantes de 8 d. m., ayant en hauteur 4 d. m. et 9 de longueur. Elles servent à placer le chanvre, et à le faire égoutter à mesure qu'on le retire du routoir.

Fig. 2. *Manière de former des cercles pour les cuves*. On fabrique sur les Apennins des cercles qui ont de 7 à 10 c. m. de largeur sur 2 d'épaisseur. A cet effet on fend des arbres de hêtre en 4, 5 ou 10 bandes, qu'on façonne ainsi qu'on va dire. On creuse en terre une étuve ou fosse, longue de 11 mètres, large de 5 ou 6 d. m., et profond de 3. On garnit les côtés de cette fosse de pierres plates, ainsi qu'on le voit dans une partie de la figure 2, B. On recouvre cette fosse de pierres plates, comme on l'a représenté à cette même figure. On forme ainsi un canal souterrain large de 4 d. m., et élevé de trois. On établit au-dessus de celui-ci deux murailles en pierres plates, qu'on recouvre comme les précédentes ; mais avec des petites pièces de bois, fig. 2, C ; de manière qu'on forme un canal supérieur ayant les mêmes dimensions que le canal inférieur, et on recouvre le tout avec de la terre, comme on le voit dans la coupe, fig. 2, A. On bouche les deux canaux à l'une de leurs extrémités, de manière cependant que la fumée du feu qu'on allume à l'autre extrémité puisse re- monter dans le canal supérieur et sortir au-des- sus de l'ouverture où l'on fait le feu. On met dans le canal supérieur des cercles qui, étant échauffés par la chaleur, se ploient facilement et prennent la forme circulaire qu'on veut leur donner.

Fig. 3. Lorsqu'on a fendu les arbres, on fa- çonne les pièces de bois en les fixant avec des coins dans des entailles faites à deux gros po- teaux plantés verticalement en terre : les deux traverses horizontales représentent la position des cercles.

Fig. 4. Lorsque les cercles ont reçu une pre- mière façon, on les termine avec la plane en les faisant passer dans un creu carré qu'on a prati- qué à travers un tronc d'arbre.

Fig. 5. Cette figure représente un cercle au- quel on donne au sortir de l'étuve, par le moyen de piquets plantés en terre, la courbure qu'il doit avoir.

RÉCOLTES.

PLANCHE PREMIÈRE.

Fig. 1 et 2. *Rouleau cannelé à dépiquer les grains.* L'art de battre les blés et d'économiser la main-d'œuvre est une des parties de l'économie rurale qui a mérité depuis long-temps l'attention d'un grand nombre de cultivateurs. Les Suédois, les Italiens, les Anglais et les Français, ont fait beaucoup de tentatives dans ce genre. Les Anglais ont composé des machines trop dispendieuses et trop compliquées pour être adoptées dans les petites fermes. Nous donnerons quelques-unes des machines qui sont d'une exécution assez facile pour être imitées par tous les cultivateurs.

Celle qui est représentée sous la fig. 1 et 2 est en usage dans les environs de Plaisance, en Italie. C'est un cylindre cannelé, composé d'une seule pièce de bois, ou d'un cylindre rond, sur lequel on cloue les parties saillantes qui doivent former les cannelures. Sa longueur est de 1 m. ½ à 2 m. Le cylindre, à prendre de la base des cannelures, a 2 d. m. de diamètre. Ces cannelures, au nombre de sept, sont fermées par des parties saillantes de 11 c. m., larges à leur base de 8 c. m., et à leur superficie, de 5 ½ c. m. Le rouleau porte à ses extrémités un axe ou un boulon en fer, qui tourne dans deux pièces de bois longues de 5 d. m. ½, auxquelles on attache les cordes qui doivent servir au tirage.

On étend sur l'aire les gerbes à demi redressées, et on les fait fouler par un, deux ou trois chevaux, qui tirent chacun un rouleau, et qui sont conduits, au moyen de longues cordes, par un ouvrier qui se place au centre de l'aire.

Fig. 3. *Chariot carthaginois pour le dépicage.* Cet instrument, qui est en usage dans la Basse-Andalousie, remonte à la plus haute antiquité. Varron en parle en ces termes : *Fit ex axibus dentatis cum orbiculis, quod vocant plostellum pœnicum, in quo quis sedeat atque agitet, quæ trahunt jumenta, ut in Hispania citeriore et aliis locis faciunt.* (VAR. lib. I, cap. LII). On retrouve dans cette description des axes ou cylindres dentelés, distribués par petites sections orbiculaires, *cum orbiculis;* enfin, une espèce de chariot, *plostellum,* sur lequel est assis le conducteur qui presse ses chevaux. C'est en effet ce qui a lieu aujourd'hui en Espagne. Un homme, assis sur la tablette qui surmonte les rouleaux, conduit avec assez de rapidité les mules qui traînent circulairement sur l'aire le chariot carthaginois. Ce passage a été mal compris par les interprètes, faute de connaître l'instrument dont il s'agissait : ils ont mis le mot *assibus* (planche), au lieu de *axibus,* rouleaux.

Il est formé par cinq rouleaux (*fig.* 3 et 4) de 1 mètre de long et de 22 c. m. de diamètre. Chaque rouleau est armé de lames de fer dentelées, les unes posées transversalement autour du cylindre, les autres longitudinalement. Les premières, au nombre de six rangées, ont une longueur de 5 c. m. Les lames longitudinales, posées entre les premières, ont un d. m. de long sur 5 à 7 m. m. d'épaisseur. Elles entourent le cylindre, au nombre de dix, par rangée.

Les axes des cylindres sont reçus dans deux pièces de bois parallèles, et surmontées d'un cadre avec lequel elles sont liées par quatre montants. Les deux montants postérieurs soutiennent un plancher qui est porté en avant par deux autres montants placés vers le milieu du cadre. On charge ce plancher avec les pierres, lorsqu'on veut donner plus de poids à la machine. Il sert en même temps de siége à l'ouvrier qui conduit les mules. Celles-ci sont attelées par le moyen de deux cordes qui s'attachent à la partie antérieure des deux traverses.

PLANCHE II.

Fig. 1. *Machines avec deux cylindres dentelés pour battre le blé.* C'est un des meilleurs instruments de ce genre dont on fait usage en Suède. Il est composé de deux cylindres ou rouleaux, en forme de cônes tronqués, fixés dans un châssis courbe. Cet appareil s'attache, par le moyen d'une chaîne ou d'une corde, au levier qui est agrafé à un arbre vertical, autour duquel se fait le mouvement circulaire. On attèle les chevaux aux chevilles du levier, et on les force de marcher toujours dans la même direction, en leur attachant un bâton devant le poitrail. On n'a représenté qu'un seul appareil de rouleaux, en supposant qu'il en existe un autre à l'extrémité du levier opposé ; on a aussi figuré un rouleau sans dents, afin d'en déterminer plus exactement la forme. Ces rouleaux ont treize rangs longitudinaux de dents, chaque rang ayant cinq dents longues de 17 c. m., et espacées de la même distance. Le grand diamètre des cylindres est de 7 d. m., et le plus petit de 5. Leur longueur est de 12 d. m.

La fig. 2 représente le profil d'un des rouleaux.

Fig. 3. *Fléau à trois pièces.* Il est usité dans les landes de Bordeaux, et se compose d'un manche rond, du diamètre de 3 c. m., long de 6 d. m. La partie qui sert à battre est composée de deux pièces, dont l'une, qui s'attache au manche, a 8 d. m. de long : elle est de forme plate, ayant 3 c. m. ½ de largeur sur 1 ½ d'épaisseur. L'autre partie, fixée à celle-ci par des lanières, a une longueur de 8 d. m. sur un diamètre de 4 c. m. à ses deux extrémités, et de 6 c. m. dans son plus grand renflement. Ce fléau, qu'on nomme *flaget* dans les Landes, a une très-grande élasticité, et peut être employé avec avantage.

Fig. 4, 5 et 6. *Trillo.* C'est le nom qu'on donne en Espagne à une table en bois, garnie en dessous de pierres à fusil (*fig.* 4 et 5) incrustées dans le bois. Les planches qui forment la table sont retenues par deux traverses (*fig.* 5), à l'une desquelles est fixé un crochet où l'on attache les traits des chevaux. Cet instrument est relevé en avant (*fig.* 4), afin de glisser plus facilement sur les gerbes. Il est employé dans presque toute l'Espagne pour battre les blés que l'on étend sur une aire. On le garnit quelquefois de pièces de fer au lieu de pierres. Il a une longueur de 18 d. m. et une largeur de 12, excepté à l'extrémité antérieure, où il n'a que 10 d. m. de largeur.

PLANCHE III.

Fig. 1. *Séchoir pour les récoltes, vertical et avec un petit toit.* Il est usité en Suède pour faire sécher les gerbes de blé, les pois, les haricots, etc., dans les années pluvieuses ou dans les contrées humides. On établit sur des pieds trois montants, qu'on traverse de part en part avec des bâtons, et on recouvre le tout avec un petit toit qui abrite en partie les gerbes ou les légumes, qu'on pose sur les bâtons pour faire sécher. Ce moyen peut être employé dans les contrées où le bois est abondant, et dans les années où les automnes sont pluvieux.

Fig. 2. *Séchoir en perches, inclinées les unes sur les autres.* Ce genre de séchoir est d'une facile construction. Il est également employé en Suède. On commence à arranger sur les barres inférieures les gerbes, dont les épis se recourbent en dedans, de manière à former une espèce de toit qui ne permet pas à l'eau de traverser et de mouiller le grain et l'intérieur de la paille. C'est tout ce qu'on peut faire de plus simple en ce genre.

Fig. 3. *Ratissoire pour ramasser le grain.* C'est un instrument dont on fait usage dans la plupart des contrées où l'on bat le grain en plein air. Il se compose avec une planche longue de 8 d. m. 7 c. m., et large de 4 d. m., et un manche de 1 m. ½ de long.

Fig. 4. *Pelle à grain.* Elle est employée dans le Milanais pour ramasser les grains, et les entasser sur l'aire ou dans les greniers, ou pour les jeter dans les mesures. Elle a une largeur de 22 c. m., et des bords élevés de 10 c. m.

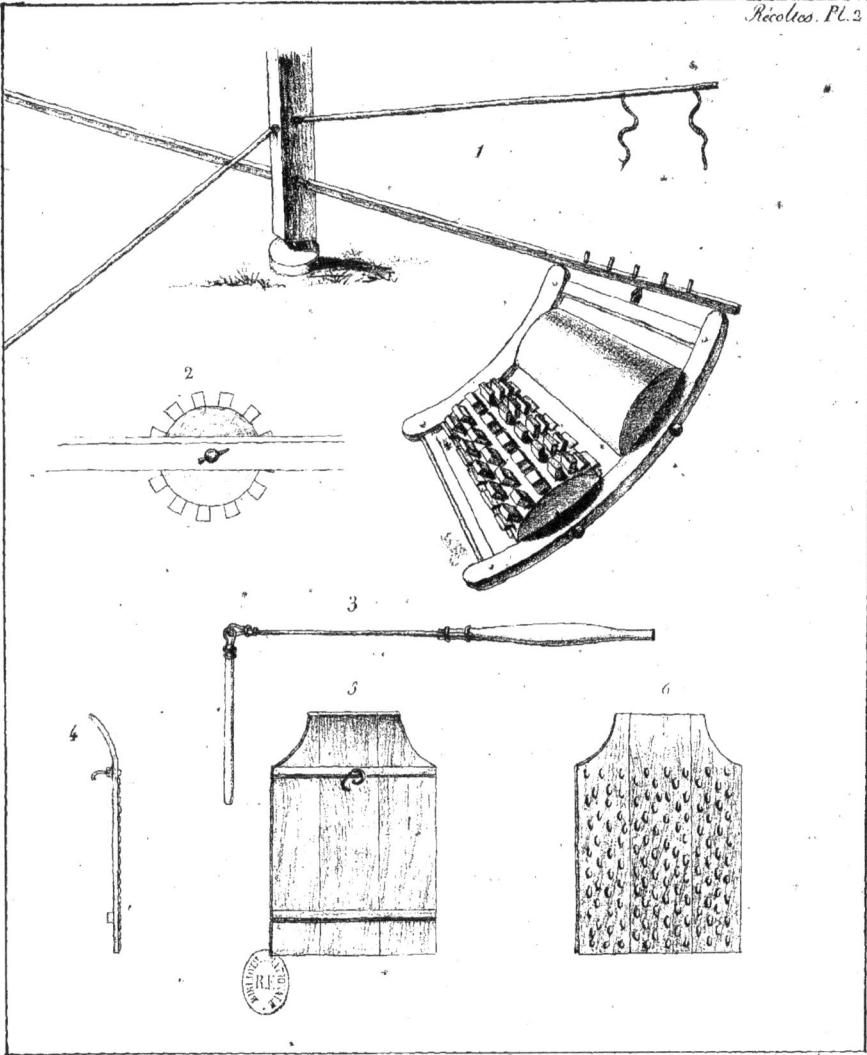

1

2

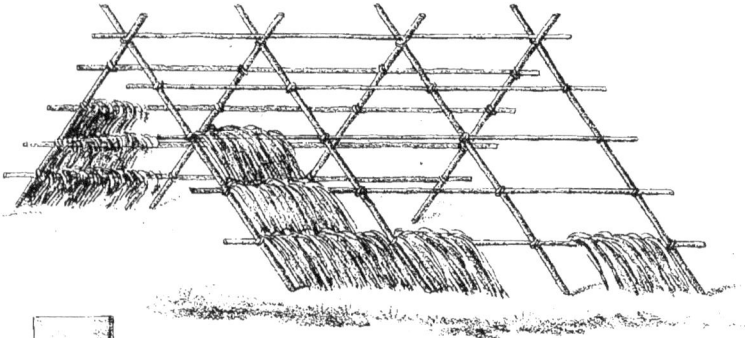

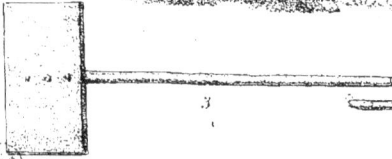

3

4

Lithog. de C. de Last.

1

2

3

4

5

6

7

8

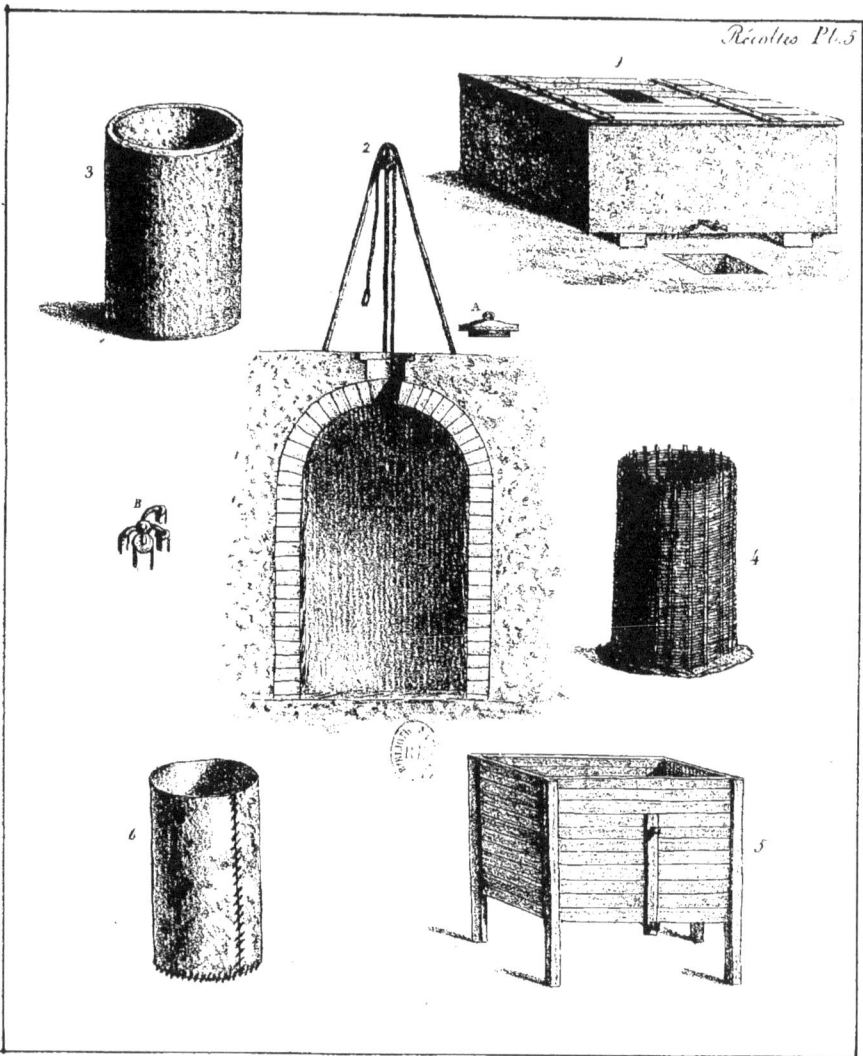

Lithog. de C de Last

RÉCOLTES.

PLANCHE IV.

Fig. 1. *Manière de cribler les grains.* On assujettit trois perches, au sommet desquelles on attache une corde qui soutient un grand crible, dans lequel un ouvrier jette les grains, tandis qu'un autre ouvrier agite le crible. Cette méthode, usitée dans les pays méridionaux, est assez expéditive.

Fig. 2. *Aiguille pour sonder les meules de grain.* Lorsqu'on a sujet de craindre qu'une meule de paille ou de fourrage qui a été mouillée ne s'échauffe, on fait passer dans un trou formé à l'extrémité pointue de cette aiguille, un fil de laine qu'on enfonce jusqu'au centre de la meule : on le laisse dans cet état pendant quelques heures, et l'on juge, en le retirant, s'il y a du danger pour la meule; car, dans ce cas, la laine se trouve elle-même avariée, et comme si elle avait été saisie par le feu. Cette aiguille a 3 mètres de long. On en fait usage en Hollande.

Fig. 3. *Pelle à trois bords.* En usage en Italie pour remuer le blé.

Fig. 4. *Cabane portative.* On l'établit dans les champs en Italie, et on y fait coucher un garde pour empêcher qu'on ne vole les récoltes pendant la nuit. Elle est portée sur deux tréteaux.

Fig. 5. *Claie pour battre le maïs.* On pose sur cette claie, qui est soutenue par deux tréteaux, les panicules de maïs, que des ouvriers battent avec des gaules pour en détacher les grains.

Fig. 6. *Fléau à gros bout, aplati d'un côté.* Il est en usage dans le département d'Indre-et-Loire. Son manche est long de 12 d. m.; le battoir a 6 d. m. de long, 8 d. m. de large.

Fig. 7. *Rabot à grains.* Il est employé en Suisse pour ramasser les grains, après les avoir battus. Le rabot a 43 c. m. de long et 13 dans sa plus grande largeur. Le manche est long de 13 d. m.

Fig. 5. *Crible à brancards.* On l'emploie en Andalousie pour nettoyer le blé. Deux ouvriers le saisissent à cet effet par les brancards, et l'agitent en divers sens. Le crible, dont le fond est fait avec une peau percée de trous, a 12 d. m. de long sur 5 d. m. de large, et 15 c. m. de profondeur. Les manches du brancard ont 4½ d. m. de long.

PLANCHE V.

Fig. 1. *Réservoir à huile.* Les réservoirs usités en Toscane se font avec cinq grandes ardoises mastiquées soigneusement, et fermées avec un couvercle en bois, au milieu duquel est une petite ouverture qui sert à puiser l'huile. On en fait avec de grandes pierres de grès creusées en auge. On retire l'huile par un robinet, au-dessous duquel on pratique en terre un trou pour mettre le vase destiné à recevoir l'huile. Celui qu'on représente ici était d'une seule pierre longue de 35 d. m., large de 17, et haute de 15. Les parois étaient épaisses de 12 c. m. Les réservoirs où se conservent les huiles du commerce à Livourne et à Gênes sont faits avec des ardoises.

Fig. 2. *Fosses à conserver les grains.* Ces fosses, usitées en Sicile, dans les parties méridionales de l'Espagne, dans le royaume de Naples, dans la Toscane, à Malte, sur les côtes d'Afrique, en Asie, et en plusieurs autres lieux, dans les temps anciens et dans les temps modernes, doivent être préférées à tout autre moyen de conservation, lorsqu'elles sont construites avec précaution et avec intelligence. Les limites étroites dans lesquelles je dois me renfermer dans cette collection ne me permettent pas d'entrer dans des détails à ce sujet, ainsi que je l'ai fait dans l'ouvrage intitulé : *Des fosses propres à la conservation des grains, et de la manière de les construire; publié par la décision de Son Exc. le ministre de l'intérieur, prise en conseil d'agriculture.* Paris, de l'Imprimerie Royale, 1819, 1 vol. in-4°.

Celle dont on donne ici la coupe a 4 mètres de diamètre sur 6 de profondeur. Elle est représentée avec son couvercle A, et la poulie B, qui est fixée au haut des perches en chevron qui sont employées pour l'extraction du grain.

Fig. 3. *Vases coniques pour conserver l'huile.*
On en fait usage dans le département de la Dordogne. Ils sont d'une seule pierre, ayant 17 d.
m. de haut et 5 dans leur diamètre intérieur.

Fig. 4. *Paniers en canne pour conserver les grains.* Ces paniers qui n'ont point de fond sont en usage parmi les petits cultivateurs de la Catalogne et du royaume de Valence; ils ont 1 et 1 à 2 mètres de haut sur 1 mètre de diamètre. On les revêt en toile, lorsqu'ils ne sont pas d'un tissu assez serré. On garnit leur base avec du plâtre lorsqu'on les remplit de grains.

Fig. 5. *Caisse pour conserver les grains et les légumes.* Elle est portée sur 4 pieds pour éviter l'humidité, et elle est renforcée vers sa partie inférieure par deux pièces de bois liées par des tenons. Elle ferme avec un couvercle. Les Toscans en font usage.

Fig. 6. *Vaisseau en liége pour le grain.* Les Catalans, après avoir enlevé l'écorce du liége, la réunissent avec une couture en osier. Ils y adaptent un fond de la même écorce, et forment des vases de 10 d. m. de haut sur 5 ou 6 de diamètre.

PLANCHE VI.

Fig. 1. *Séchoir pour le maïs.* On plante dans la terre des perches hautes de 6 mètres, auxquelles on en fixe d'autres transversalement à une distance de 65 c. m.; c'est à cet appareil qu'on accroche les panicules de maïs, dans le département d'Indre-et-Loire.

Fig. 2. *Supports mobiles.* Chaque support est fait avec une pierre semi-sphérique ayant un trou carré, dans lequel on fixe un poteau garni de chevilles sur un de ses côtés. Après avoir placé ces supports à une certaine distance les uns des autres, on établit sur les chevilles, à différens étages, des cadres garnis de traverses, et l'on pose au-dessus de ceux-ci des claies ou des nattes sur lesquelles on fait sécher les raisins, les fruits, ou d'autres objets. On les emploie aussi pour l'éducation des vers à soie. Les pierres ont 14 c. m. d'élévation et 30 c. m. dans leur plus grand diamètre; les montans ont 2 mètres de haut, 6 c. m. d'épaisseur et 8 de largeur. Les cadres ont ordinairement 2 mètres de long sur 18 d. m. de large. Cet appareil, usité en Toscane, peut être d'une grande utilité dans l'économie rurale et domestique.

Fig. 3. *Crible à passer le plâtre.* Il est aussi employé au criblage des terres dans les jardins,

et à d'autres usages analogues. Il est construit en osier.

Fig. 4. *Séchoir pour les grains.* On en fait usage en Norwége et en Suisse, dans les lieux froids et humides, pour faire sécher les gerbes, qu'on couche sur les lattes transversales, et dont on recouvre souvent le sommet avec de la paille.

Fig. 5. *Claie en roseaux.* On lie deux pièces de bois par le moyen de traverses; on garnit celles-ci avec des cannes, et on obtient ainsi de bonnes claies pour faire sécher les fruits. Usité en Toscane.

Fig. 6. *Claie en paille.* Après avoir formé un cadre garni de petites traverses, on entrelace celles-ci avec des cordes de paille. Ces claies, employées dans la Haute-Vienne pour faire sécher les pruneaux, ont 1 mètre et demi de long.

Fig. 7. *Meule de tiges de maïs.* On conserve ainsi dans le département d'Indre-et-Loire les tiges de maïs avec leurs feuilles, qu'on fait manger aux bestiaux pendant la mauvaise saison. On les entoure avec des cordes de paille, afin qu'elles ne soient pas dérangées par le vent.

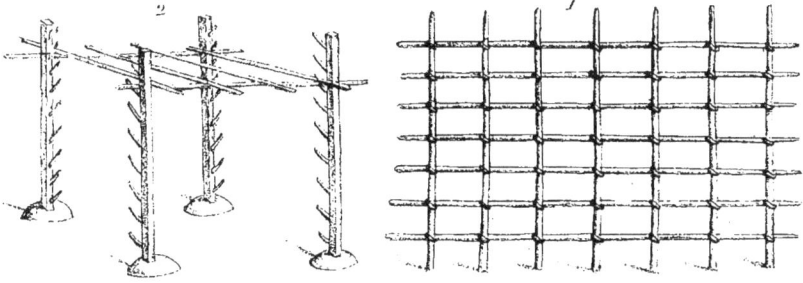

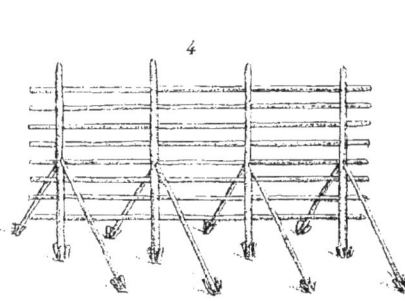

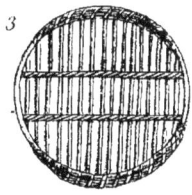

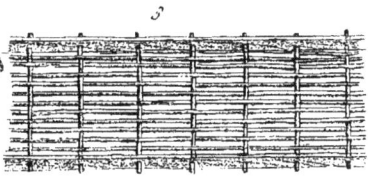

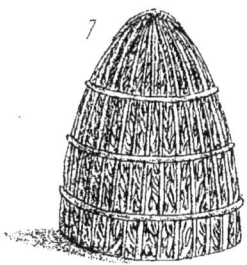

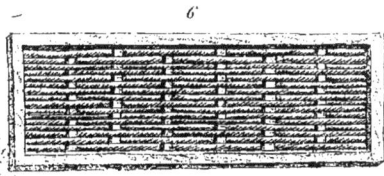

Lithog: de C. de Last.

1

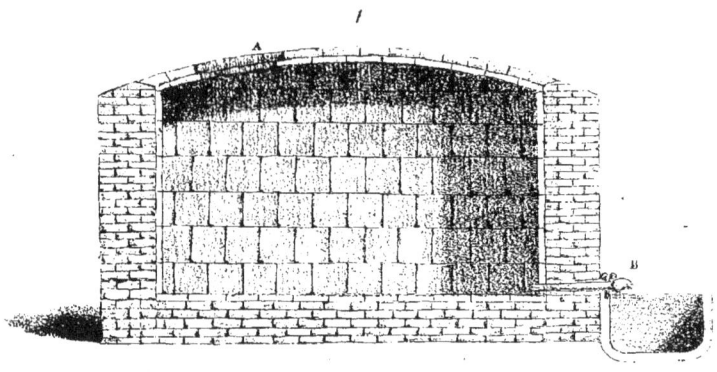

2

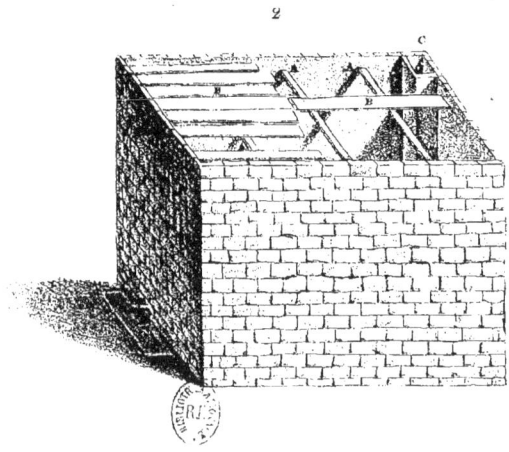

FABRICATION DU VIN.

PLANCHE PREMIÈRE.

Fig. 1. *Cuves en maçonnerie, revêtues en briques vernissées.* Ces cuves sont usitées dans un grand nombre d'endroits, en Espagne. Celle dont nous donnons ici la description a été dessinée en Catalogne. Elle était faite en pierre de taille, revêtue intérieurement en briques vernissées, posées de champ, carrées de 3 décimètres sur leurs côtés. On les construit, le plus communément, en briques liées par un ciment de sable et de chaux. La chaux maigre est toujours préférable pour la confection de ces cuves. Celle dont il s'agit avait 18 décimètres ½ de profondeur, à prendre de l'endroit le moins élevé de la voûte, et 20 décimètres ½ du plus élevé. La longueur était de 4 mètres 2 décimètres, sur une largeur de 22 décimètres.

La lettre A indique une ouverture d'un mètre en carré, par laquelle on descend dans la cuve avec une échelle. Elle a un rebord intérieur qui sert à soutenir des planches étroites et placées les unes à côté des autres, sur lesquelles on jette la vendange que les ouvriers foulent aux pieds, et qu'ils font tomber ensuite dans la cuve. On adapte à ces cuves un robinet B par où coule le vin dans une auge de pierre, placée en terre, au-dessous du robinet. On voit, dans la coupe du dessin, les briques vernissées qui tapissent les parois de la cuve. Les briques en faïence seront très-propres à cet usage, lorsqu'on pourra s'en procurer à bon marché.

On construit ordinairement ces cuves contre une muraille, ou, encore mieux, dans l'auge d'un cellier. Il suffit de donner aux murs de la cuve, adossés contre les murailles, une épaisseur de 2 décimètres ½, et aux murs de face 5 décimètres à la base, allant en diminuant jusqu'au sommet qui aura 4 décimètres d'épaisseur, en conservant la perpendicularité dans l'intérieur. On ménage dans le fond une petite inclinaison vers le robinet, afin de faciliter l'écoulement du liquide.

Une bonne manière de construire ces cuves, et de leur donner une grande solidité, en les rendant imperméables, c'est de les faire en béton, genre de travail qui est malheureusement trop négligé parmi nous, et qui trouverait une foule d'applications utiles. La nature de cet ouvrage ne me permettant pas d'entrer dans tous les détails qu'exige la description de cette espèce de bâtisse, je renverrai dans cette circonstance, comme dans plusieurs autres, aux gens de l'art, ou aux ouvrages qui traitent spécialement de ces sujets. Je me contenterai de faire observer qu'on ne peut avoir une construction bien conditionnée, qu'en employant de bons matériaux et en leur donnant une bonne manipulation. Il faut, par exemple, avoir des briques bien cuites, un sable quartzeux qui ne contienne pas de terre, ou bien le laver à grande eau, s'il en est imprégné. La chaux maigre est infiniment préférable à la chaux grasse. Le mortier employé dans le béton doit être très-sec, de manière qu'il présente une pâte dure lorsqu'on le pétrit entre les mains. Les couches qui se forment dans l'encaissement, les unes après les autres, à la hauteur d'un décimètre, seront fortement comprimées par le battage, et le travail sera exécuté avec promptitude pour que ces couches n'aient pas le temps de se dessécher. On aura soin de les tenir humides avec de la paille mouillée, pendant la suspension du travail, et de les arroser avec du lait de chaux, lorsqu'on les superposera les unes sur les autres.

Ce genre de cuve peut servir non-seulement pour faire fermenter la vendange, mais aussi pour conserver le vin, au lieu de tonneau, ainsi que nous le dirons à la fin de cet article ; il a l'avantage d'être d'une grande économie, puisqu'il n'exige aucune réparation, et qu'il a une durée indéterminée. Il occupe beaucoup moins de place que les cuves ordinaires, et mérite d'être adopté par tous les cultivateurs, à une époque où le bois devient rare et dispendieux. On peut construire plusieurs cuves placées longitudinalement les unes à côté des des autres, en établissant des murs de séparation. Un autre avantage, c'est de pouvoir les employer, comme réservoirs à grain, dans les années où la vendange est peu abondante, ainsi que je l'ai vu pratiquer en Toscane.

Fig. 2. *Cuve en maçonnerie, sans voûte.* Cette cuve a été dessinée aux environs de Tarragone en Espagne. Elle avait 6 mètres de long sur 4 de large et 5 de profondeur. On les construit ordinairement en brique, ainsi qu'il a été dit dans l'article précédent. Elles sont revêtues de ciment, au lieu de briques vernissées. On fixe dans la partie supérieure des solives A, A, A, sur lesquelles on pose des planches mobiles B, B, assez rapprochées les unes des autres pour que le jus des raisins puisse tomber seul dans la cuve lorsqu'on écrase la vendange avec les pieds. On voit dans l'angle C une espèce de puits formé avec deux planches percées de trous par le bas. Il sert à puiser le vin avec des seaux, dans le cas où le robinet viendrait à se boucher. Cette cuve a, ainsi que la précédente, un robinet D, et une auge en pierre pour recevoir le vin.

PLANCHE II.

Fig. 1. *Cuve ou citerne à trois divisions pour conserver le vin.* Son élévation.

Fig. 2. Son plan. On trouve ces réservoirs dans quelques campagnes de la Toscane. Celui qu'on représente ici était divisé en trois capacités contenant environ quatre mille bouteilles chacune. Leur dimension est de 16 décimètres sur 16. Elles ont à la partie supérieure une ouverture de 6 décimètres en quarré, dans laquelle on fait entrer, après y avoir versé le vin, un couvercle en bois qu'on scelle avec du plâtre. On voit dans la partie antérieure trois ouvertures de 32 centimètres en largeur sur 55 en hauteur, ayant un peu plus d'évasement dans l'intérieur que dans la partie extérieure, de manière que la porte qui est taillée en biseau s'adapte parfaitement dans l'ouverture, et est repoussée en avant par le moyen d'un bâton qu'on fait passer dans un anneau fixé au milieu de cette porte, ainsi qu'on le voit dans le dessin. Trois autres petites ouvertures, placées à côté des premières, se bouchent avec un bondon, et servent à tirer le vin sans qu'il soit nécessaire d'ouvrir les grandes portes. La hauteur de la cuve, à prendre de la partie inférieure des portes au sommet, est de 22 décimètres. Elle est portée sous un soubassement voûté, haut de 9 décimètres. La distance entre chaque voûte est de 45 centimètres, et celle comprise entre le sommet de la voûte et le rebord du soubassement est de 27 centimètres.

Ces cuves où l'on fait cuver le vin, et sur-tout où on le conserve, servent aussi, dans beaucoup de circonstances, à conserver les grains.

Fig. 3. *Réservoir à conserver le vin.* Il a été dessiné en Catalogne, où son usage est établi dans plusieurs endroits. Il a 16 décimètres de profondeur, 16 de large et 17 de long. Le fond offre une pente pour l'écoulement du vin. Les murailles, construites en pierres liées avec du ciment, sont revêtues intérieurement et extérieurement d'une couche du même ciment. On pratique dans la partie supérieure, une entrée large de 2 décimètres $\frac{1}{2}$ sur 3 $\frac{1}{2}$ de long, qu'on ferme avec la porte, fig. 5. La face antérieure de la cuve, offre deux trous qu'on débouche lorsqu'on veut faire couler le vin. Une auge, placée au-dessous du trou inférieur, sert à recevoir la liqueur.

Fig. 4. Représente le plan de la partie supérieure.

Fig. 5. Porte ou couvercle, armée d'un anneau et de deux poignées, dans lesquelles on passe le bâton, fig. 6, qui sert à presser fortement la porte contre les bords de l'ouverture.

Fig. 6. Bâton dont l'usage vient d'être indiqué.

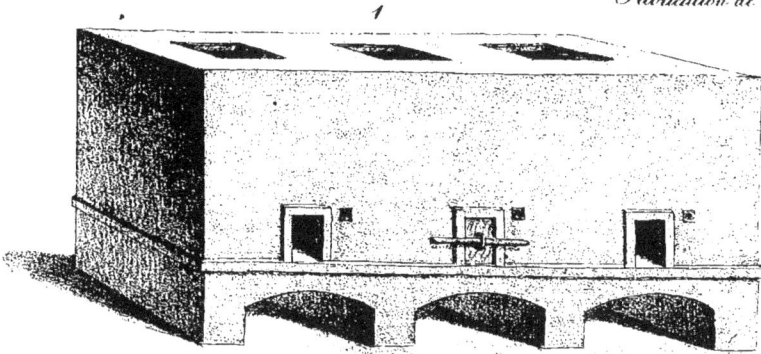

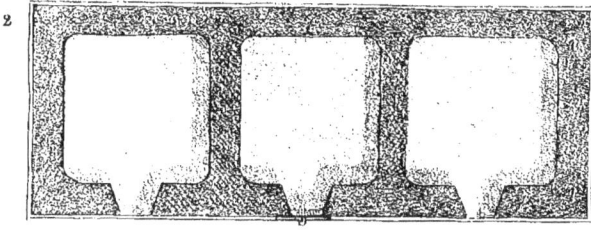

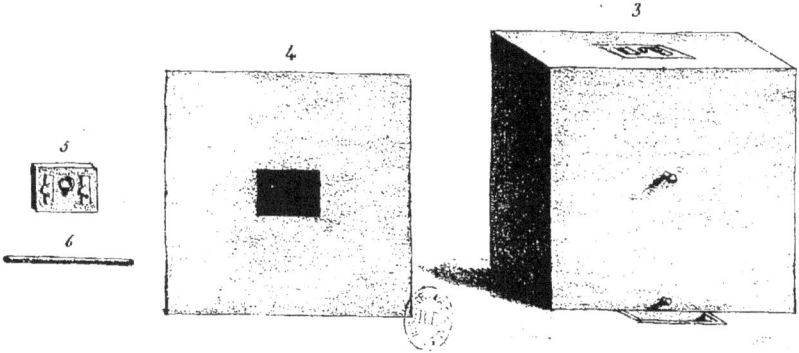

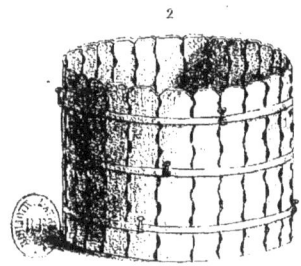

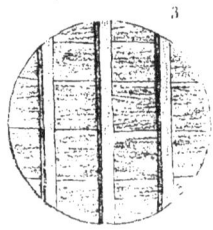

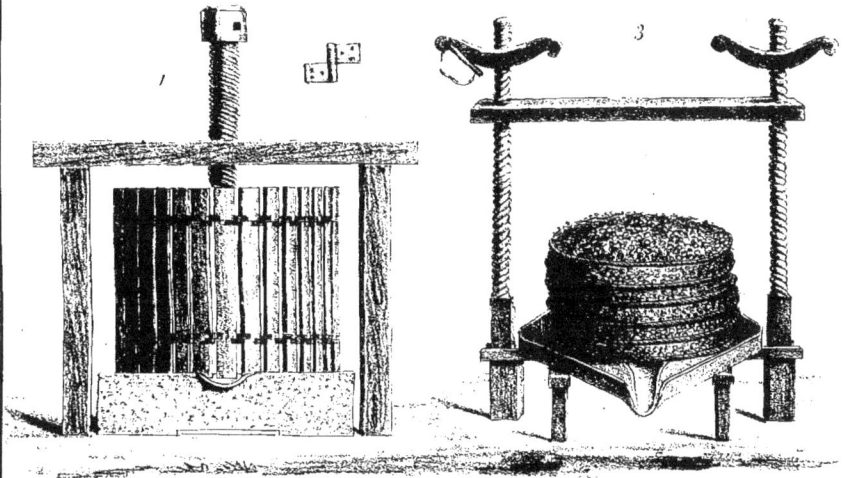

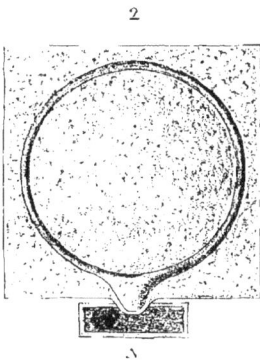

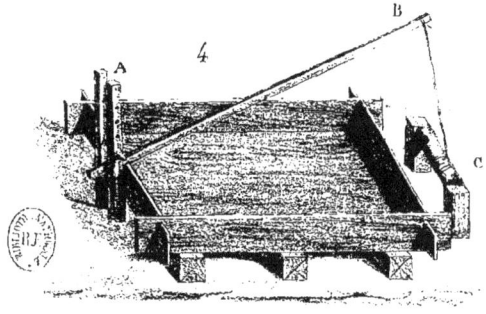

FABRICATION DU VIN.

PLANCHE III.

Fig. 1. *Pressoir à cage*. Ce pressoir est usité en Toscane. Il se compose de deux fortes jumelles carrées, assujetties en terre, et d'une traverse qui les réunit dans la partie supérieure. La hauteur des jumelles, à prendre de la mai du pressoir jusqu'à la traverse, est de 18 d. m., et de 7 d. m. de plus jusqu'au sommet. La traverse, percée à son milieu pour recevoir la vis, a 11 d. m. de long sur 4 ½ d'équarrissage. La vis a 12 d. m. ½ de long. La cage C, composée de douves amincies sur différentes parties de leurs longueurs, afin de laisser des interstices qui doivent donner passage au suc de raisin, a 1 m. de haut sur 6 d. m. de diamètre. Elle est fixée par des demi-cercles de fer liés ensemble, d'un côté, par des charnières, et terminés, aux autres extrémités, par d'autres charnières qui se ferment par le moyen d'une verge de fer, et qui s'ouvrent lorsqu'on veut retirer le marc du raisin.

Cette cage est posée sur une mai en bois, dans laquelle on pratique un conduit circulaire qui va aboutir au-dessus de la fosse E. C'est dans cette fosse qu'on place le vase destiné à recevoir le moût, après y avoir mis le panier D, dans lequel s'arrêtent les pepins, ou autres parties grossières qui s'échappent de la cage. Lorsque celle-ci est remplie de raisins, on fait entrer à sa surface la rondelle O, sur laquelle on pose le billot, fig. 4, et par-dessus ce dernier, la tra-verse A, dont les extrémités entrent dans une rainure pratiquée à la partie intérieure des deux jumelles. La petite traverse reçoit, dans un trou pratiqué à son milieu, le pivot de la vis, qui se trouve ainsi assujettie. Ce pressoir est employé également à presser les olives.

Fig. 2. Cette figure représente une *cage* pour contenir le raisin, du même genre que la précédente. On en fait usage dans le royaume de Grenade. Les planches dentelées qui la composent sont maintenues par des portions de cercle de fer de 5 d. m. de large, qui se lient ensemble avec des chevilles de fer. Les cages sont ordinairement divisées en trois portions, et les planches qui les composent sont clouées contre les cercles, de manière qu'en les rapprochant les unes des autres, et les fixant par le moyen des chevilles, on forme la cage, qui a 4 d. m. de diamètre. Les planches ont 11 d. m. de haut et 12 c. m. de large.

Fig. 3. *Plateau circulaire* qui se place sur les raisins.

Fig. 4. *Billot* qu'on pose sur le plateau à mesure que les raisins s'affaissent par la pression. On en met plusieurs les uns sur les autres. Il a 4 d. m. de diamètre et autant de hauteur. On lui donne deux anses, afin de pouvoir le saisir plus facilement.

PLANCHE IV.

Fig. 1 et 2. *Pressoir à cage*. Il diffère des précédens, en ce que les planches sont réunies les unes aux autres avec des charnières. Il est usité en Catalogne. La mai du pressoir est for-mée par une seule pierre, fig. 2, dans laquelle est creusée une rainure circulaire qui se prolonge au-dessus d'une auge en pierre A au niveau du sol; celle-ci est destinée à recevoir le vin

(2)

à mesure qu'il coule du pressoir. La cage est composée de planches unies et d'égales dimensions. Elles ont 4 à 5 c. m. de largeur sur une épaisseur de 3 c. m., et elles sont liées les unes aux autres par deux rangées de charnières. Le pressoir est en outre composé de deux jumelles, surmontées d'une traverse portant a son milieu un écrou dans lequel tourne la vis. Lorsqu'on veut presser la vendange, on place la cage dans la rainure de la mai du pressoir, et on la fixe en faisant passer une broche de fer dans les trous des charnières. On peut ainsi ouvrir ou fermer la cage à volonté. On met sur la vendange un plateau circulaire, avec des traverses de bois ou des billots, ainsi qu'il a été dit.

Fig. 3. *Pressoir à jumelles vissées.* Ce pressoir est employé par les cultivateurs du royaume de Valence. Il est composé d'une mai soutenue par deux tréteaux et deux jumelles taillées en vis. Ces jumelles passent dans des trous pratiqués aux extrémités d'une traverse, qui produit une pression sur la vendange par le moyen de deux écrous en bois que l'on fait tourner successivement avec deux bâtons, ainsi qu'on le voit figuré dans le dessin. A mesure que l'on dispose la vendange sur la mai, on l'entoure avec une corde qui sert à la contenir lorsqu'elle est soumise à la pression.

La mai a 12 d. m. de large, la traverse est longue de 13 ; les pièces de bois qui portent les écrous en ont 7 à 8.

Fig. 4. *Pressoir en caisse.* On en fait usage chez les petits cultivateurs dans le département de la Dordogne. Il est peu dispendieux ; il peut être construit facilement, et peut servir non-seulement pour la fabrication du vin, mais aussi pour d'autres usages économiques.

Il est fait en forme de caisse, ayant un fond et quatre côtés en planches qui se lient les unes aux autres par des tenons. Il est soutenu par trois solives posées horizontalement. La pression s'opère par le moyen d'un fort levier B qui se tient à une hauteur plus ou moins grande, par le moyen d'une cheville qui traverse deux montans fixés en terre A. On attache à l'autre extrémité une corde qui se tourne autour de l'axe d'un treuil C, de manière à opérer la pression à mesure que l'on fait tourner celui-ci avec une barre de bois. Après avoir mis les raisins dans la caisse, on les couvre avec des planches et des solives croisées, sur lesquelles doit appuyer le levier.

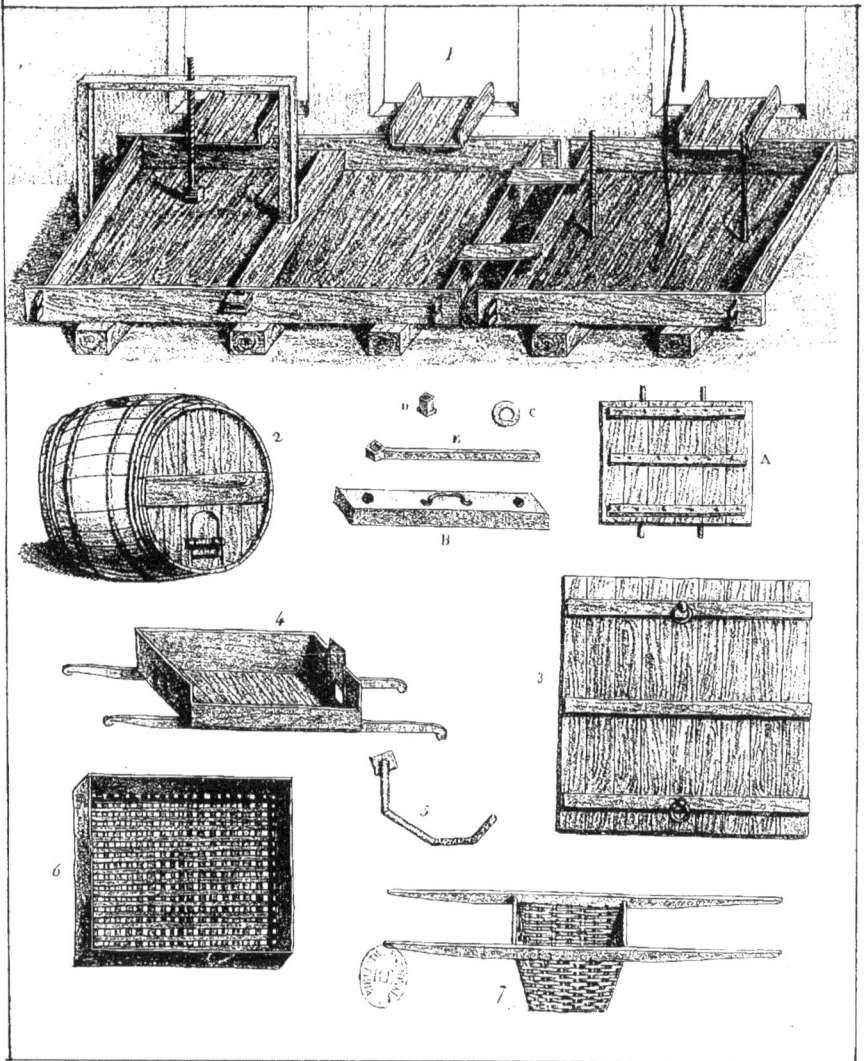

FABRICATION DU VIN·

PLANCHE V.

Fig. 1. *Double pressoir.* Il se compose de deux pressoirs séparés par une mai, qui sert à jeter la vendange lorsque les pressoirs sont chargés de raisin ou de marc. Ceux-ci étant débarrassés, on y rejette la vendange avec des pelles, ayant soin de couvrir avec des planches la séparation qui se trouve entre la mai et l'un des pressoirs; ce qu'on a indiqué par deux planches qui sont posées sur cette séparation. Ces pressoirs, usités aux environs de Bordeaux, se placent contre les fenêtres d'une muraille, par lesquelles on jette la vendange au moyen d'un conduit en planches, comme on le voit dans le dessin.

Chaque pressoir, ainsi que la mai, ont 26 d. m. en tout sens, avec des rebords de 3 ½ d. m.; ils sont à une ou à deux vis dont le pas a au moins 1 d. m. de diamètre sur 9 de longueur, non compris la partie qui est sans pas de vis, longue de 5 d. m.

Lorsqu'on veut presser la vendange, on la couvre avec le plancher A, qui a 17 d. m. dans tous les sens, et qui est garni de quatre chevilles qui servent à le porter, ou à l'attacher, et à l'enlever, par le moyen d'une corde qui passe dans une poulie attachée au plafond, ainsi qu'on l'a représenté dans le dessin. On fait entrer ensuite les deux vis dans les trous de la traverse B, puis deux rondelles C, et enfin l'écrou D, qu'on tourne avec la clef E. Le pressoir à une seule vis, porte sur ses côtés deux jumelles surmontées d'une traverse, reçoit la vis, laquelle est mise en action par le moyen d'un levier qu'on fait entrer dans le trou qui se trouve à sa partie inférieure.

Fig. 2. *Tonneau à porte.* On fait ces portes aux grands tonneaux pour qu'un homme puisse y entrer et les nettoyer. Elles sont d'une seule pièce de bois, et taillées en biseau, de manière qu'on ne puisse les ouvrir qu'en les poussant du dehors en dedans. On les fixe par une traverse de bois qui passe dans deux anneaux de fer, et qui s'applique sur le fond du tonneau.

Fig. 3. *Plancher pour écraser le raisin.* Il est usité dans le royaume de Grenade : il se compose de fortes planches réunies par des traverses, et de deux anneaux qui servent à le trans-porter : il a 12 d. m. en tout sens. Après avoir jeté la vendange sur un plan en pierre avec des rebords, on l'écrase avec ce plancher, sur lequel montent des hommes.

Fig. 4. *Fouloir pour la vendange.* C'est une caisse longue, d'un mètre 25 c. m., dont le bord antérieur a moitié moins d'élévation que les trois autres, afin qu'on puisse y jeter plus facilement les raisins. Les deux extrémités sont garnies d'une porte en coulisse, qu'on ouvre pour rejeter dans la cuve le raisin qu'on a écrasé avec les pieds. Le jus s'échappe à travers les trous pratiqués dans les planches du fond : on a oublié de les indiquer dans la gravure. Le brancard, sur lequel la caisse est fixée, sert à la maintenir sur la cuve. En usage dans le département des Pyrénées-Orientales.

Fig. 5. *Couloir pour le vin.* Cet instrument, employé dans les caves de l'Andalousie, est très-propre à empêcher que le vin qu'on verse dans un tonneau ne trouble par sa chute rapide la lie qui se trouve dans le fond. On le fait entrer par la bonde, où il est retenu par le rebord qu'il porte dans sa partie supérieure. Lorsqu'on y verse le vin, cette liqueur, suivant la ligne courbe, descend avec moins de rapidité, et s'échappe doucement à travers les trous qui se trouvent à la partie inférieure de l'instrument : il est construit en fer-blanc.

Fig. 6. *Égrenoir.* On en fait usage dans le royaume de Grenade pour égrener le raisin. Il est composé de 4 planches larges de 1. c. m. et assujetties les unes aux autres, ayant une longueur de 12 d. m. Le fond est garni de baguettes en bois, portant 3 c. m. d'équarrissage, et laissant des interstices de 1. c. m. On soutient ordinairement ces baguettes par deux traverses plus fortes, qui se croisent.

Fig. 7. *Panier pour recevoir le vin au sortir du pressoir.* Il est usité aux environs de Bordeaux. Il est soutenu par ses deux bras au-dessus du vase dans lequel tombe le vin, et il retient les pepins et les pellicules de raisin. Le panier a 28 d. m. de profondeur, et 4 d. m. sur 3 ½ d. m. dans les autres dimensions.

PLANCHE VI.

Fig. 1. *Cuves à vendange.* Elles ont 16 d. m. de profondeur, 16 dans leur diamètre supérieur, et 20 à leur base. On les vide par le moyen d'un conduit qui se crampone sur les bords de la cuve, et qui va se poser sur un baquet dans lequel tombe la vendange. Usitées à Bordeaux. La lettre A indique les pièces de bois dont sont formés les cercles de la cuve. Ce sont des sections de cerclès de 7 c. m. d'épaisseur et d'un c. m. ¼ de largeur, qui s'ajustent les unes au bout des autres, et s'accolent deux ensemble l'une sur l'autre pour former un cercle.

Fig. 2. *Fosse à cuves.* On fait dans le département des Pyrénées-Orientales des fosses revêtues en ciment et carrelées dans le fond, creusées de quelques décimètres, dans lesquelles on place les cuves où doit fermenter la vendange : c'est afin que le vin ne se perde pas, dans le cas où une cuve viendrait à crever : le fond est en pente vers le centre, où se trouve un petit creux, qui sert à puiser le vin. On y descend par un escalier.

Fig. 3. *Châssis pour recevoir les pièces de vin.* Ces châssis ont quelquefois deux étages pour recevoir trois rangées de tonneaux; ils sont renforcés par des montans et par des traverses. On construit souvent en ciment, dans la partie inférieure au-dessus du sol, une gouttière concave pour recevoir le vin des tonneaux qui viendraient à se rompre. Il se rend alors dans un réservoir creusé à cet effet dans un coin de la cave. Cette méthode, usitée dans le royaume de Valence, est utile pour renfermer une grande quantité de vin dans un petit espace.

Fig. 4. *Entonnoir pour les tonneaux.* Son diamètre supérieur est de 4 d. m. et 2 - à la partie inférieure; il a 32 c. m. de profondeur : il est garni vers le centre de son fond d'un tuyau en fer-blanc.

Fig. 5. *Godet pour puiser le vin dans les tonneaux.* Il est en fer-blanc, avec un long manche. Usité dans le royaume de Valence pour goûter le vin.

Fig. 6. *Comporte à poignée.* C'est une espèce de petit tonneau de 6. d. m. de haut, de 4. à 5 d. m. de diamètre, traversé par un bâton long de 2 mètres, que les ouvriers placent sur leurs épaules lorsqu'ils veulent porter la vendange

d'un lieu à l'autre, ou sur le dos d'un cheval. Employé dans le département de la Gironde.

Fig. 7. *Soufflet à transvaser le vin.* On en fait usage dans le département de la Gironde. On place à cet effet le soufflet sur le tonneau vide, auquel il se fixe par le moyen d'une double pointe C, longue de 10 c. m. dont on a figuré le plan supérieur à la lettre D, et qui s'ajuste sous le côté inférieur du soufflet par le moyen de deux languettes de fer, représentées sous la lettre B. On fait entrer le tuyau coudé, qui termine le soufflet, dans le tonneau rempli de vin, et on l'assujettit sur ce tonneau par un crochet, après avoir fermé hermétiquement la bonde, en entourant le tuyau du soufflet avec du linge. On établit une communication entre les deux tonneaux, par le moyen d'un tuyau en cuir qui s'attache à leur canule. Un ouvrier met ensuite le soufflet en action; et l'air, en refoulant le vin, l'oblige à passer dans le tuyau et à remonter dans le tonneau vide.

Le soufflet long de 7 c. m. est garni d'un manche de même dimension. Le crochet qui sert à le fixer est long de 35 c. m.

Fig. 8. *Cuves bordées d'un plancher supérieur.* On dispose ainsi les cuves, et on les entoure, dans la moitié de leur diamètre, d'un plancher sur lequel les ouvriers montent par un plan incliné. Cette disposition, en usage dans le département de la Garonne, est très-commode pour le travail des ouvriers.

Fig. 9. *Tire-bondon.* Il est composé d'une poignée longue de 2 d. m., et d'une tige dont la partie une a 6 c. m. de long et le pas-de-vis 7 c. m. Celui-ci entre dans un écrou dont le fer se coude et se termine en pointe à ses deux extrémités. Après l'avoir fixée sur les côtés de la bonde, on saisit celle-ci, et on l'enlève en tournant la vis. On le trouve dans le département de la Gironde.

Fig. 10. *Bondon à soufrer les tonneaux.* Il est traversé par une verge de fer, longue de 2 ½ d. m., et crochue à ses deux extrémités. On attache à son extrémité inférieure une mèche soufrée qu'on allume, et qu'on fait entrer dans le tonneau, qui se bouche avec le bondon. On en fait usage à Bordeaux.

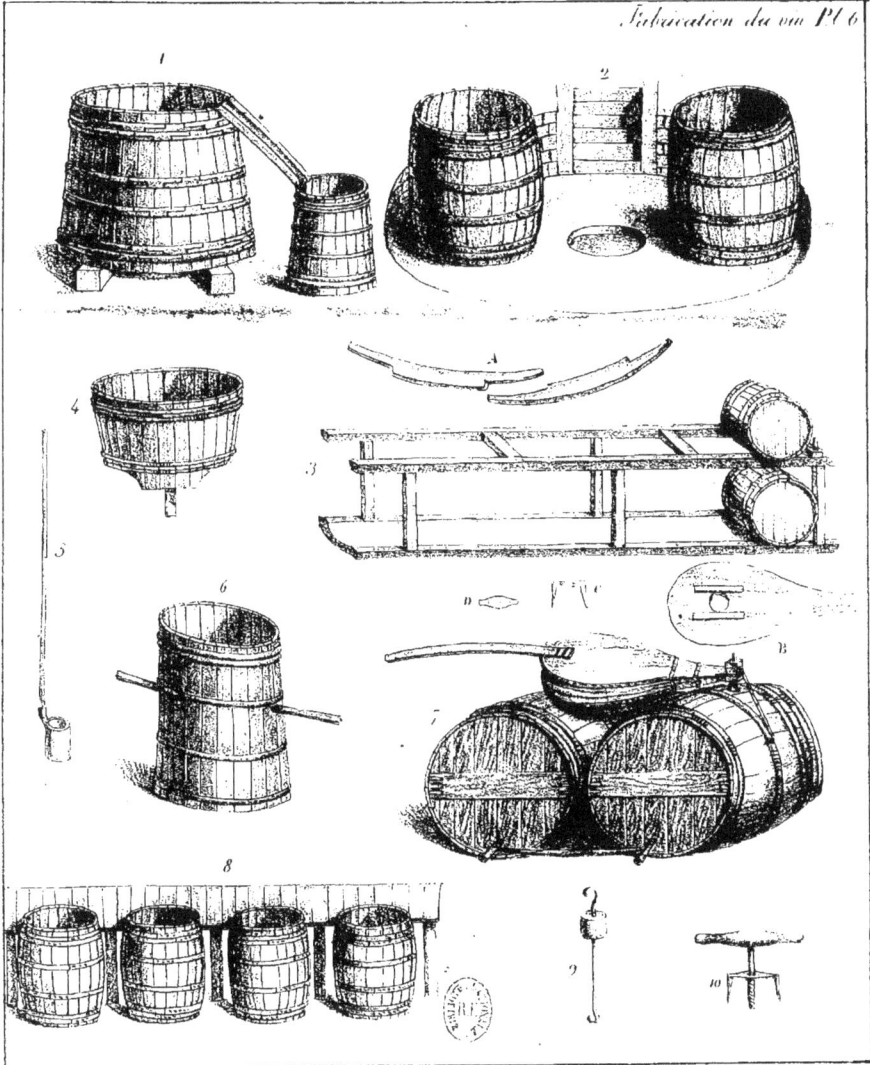

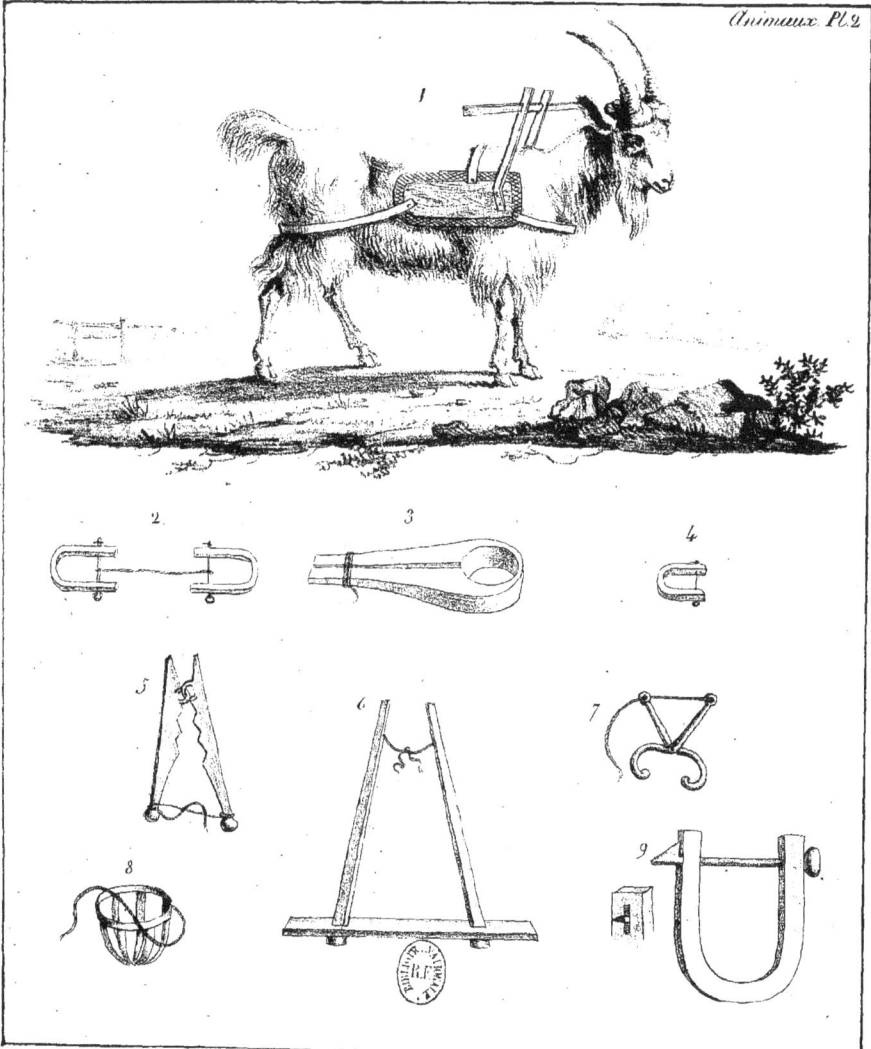

ANIMAUX.

PLANCHE PREMIÈRE.

Fig. 1. *Entrave, billot suspendu au cou.* On met des entraves aux animaux, soit pour les contenir ou les arrêter dans leurs mouvements lorsqu'ils sont trop fougueux, soit pour les empêcher de s'écarter au loin, de franchir les haies ou les clôtures. Lorsque les taureaux sont méchants, et qu'on craint qu'ils ne poursuivent les hommes, on leur suspend au cou un gros billot qui les empêche de courir, de manière qu'il est facile de se soustraire à leur poursuite.

Fig. 2. *Muselière courbe à piquants.* On en fait usage en Hollande pour guider les bœufs qui labourent ou qui conduisent des charrettes. Un seul homme peut par ce moyen conduire un attelage avec des rênes qu'on fixe aux anneaux de la muselière. Elle est en fer, armée sur les côtés de petites pointes, et d'une forme demi-circulaire ; elle pose sur le museau des bœufs, où elle est fixée par deux cordes, dont l'une embrasse la partie moyenne de la tête, et l'autre s'attache derrière les cornes.

Fig. 3. *Bandeau pour retenir les animaux.* Ce bandeau doit être employé pour arrêter la fougue des bestiaux de toute espèce qui peuvent se jeter sur les hommes ou se nuire entre eux. On en met aussi en Hollande sur les yeux des vaches, des chevaux, des beliers et des brebis qu'on fait paître dans les champs autour des habitations, afin qu'ils ne s'écartent pas, et qu'ils ne puissent franchir les barrières peu élevées.

Fig. 4. *Entrave fixée au cou et à la jambe.* On emploie cette espèce d'entrave dans les départemens du Puy-de-Dôme et du Cantal, pour contenir les chevaux qu'on abandonne dans les pâturages. Elle fatigue moins ces animaux que celles qui les prennent par les deux jambes ; ils se promènent et ils pâturent librement, sans pouvoir courir, ni franchir les haies ni les barrières. On passe dans le cou du cheval un collier fait avec une pièce de bois ; il est attaché par le moyen d'une chaîne ou d'une corde à un bracelet également en bois, dans lequel on fait entrer une des jambes de devant ; on fixe le collier et le bracelet par le moyen d'une baguette qui porte un bouton à l'une de ses extrémités et un trou à l'autre : ce qui se fait au moyen d'un cuir qu'on passe dans le trou.

Fig. 5. *Muselière en crémaillère.* Elle est usitée en Italie lorsqu'on ferre ou qu'on traite des chevaux indociles : elle est de fer, et porte un anneau qu'on accroche aux crans de la crémaillère, de manière à pouvoir serrer plus ou moins les naseaux du cheval.

Fig. 6. *Muselière droite à piquants.* Elle est formée par une pièce de bois armée de pointes de fer et de deux anneaux aux extrémités ; une corde fixée à l'un des anneaux passe dans l'autre, et sert de rêne au conducteur, qui la tire selon qu'il veut diriger les bœufs. La muselière reste suspendue par le moyen d'une corde qui va se rattacher derrière les cornes de l'animal. Cette muselière, usitée en Toscane, est très-défectueuse, en ce qu'elle presse toujours de ses pointes le museau des bœufs. Celle de la *fig.* 2 est bien préférable.

PLANCHE II.

Fig. 1. *Sellette pour empêcher les chèvres de franchir les clôtures.* Il est bon de faire connaître, dans un moment où l'on s'occupe de multiplier la race des chèvres du Thibet en France, un des moyens qu'on peut employer avec avantage pour prévenir les dégâts occasionés par ces animaux. Nous avons vu pratiquer ce moyen dans quelques parties des petits cantons de la Suisse. On leur met sur le corps une sellette composée de deux pièces de toile grossière sur lesquelles on fixe deux planchettes, qui sont soutenues par une courroie placée sur le corps de l'animal, et par deux sangles, dont l'une embrasse la poitrine et l'autre le derrière. Deux montants en bois, attachés à la partie intérieure des planchettes, sont traversés à angles droits par une autre pièce de bois. Le tout offre une résistance à la chèvre lorsqu'elle s'efforce de traverser les haies et les clôtures, et ne lui permet pas de passer outre. On pourrait maintenir par ce moyen peu coûteux, un certain nombre de chèvres dans des pâturages enclos.

Fig. 2. *Entraves en bracelet.* Elles sont formées par deux bracelets en bois qui s'ouvrent et se ferment par le moyen d'une cheville, ainsi qu'il a été expliqué à la *fig.* 4, *pl.* 1. Les bracelets, qui se mettent ordinairement aux jambes de derrière, sont réunis par une chaîne.

Fig. 3. *Entrave oblongue.* C'est une pièce de bois flexible que l'on amincit aux extrémités, après en avoir creusé la partie moyenne. En la repliant sur elle-même, on a une entrave qu'on ouvre pour prendre la jambe du cheval, et qu'on ferme au moyen d'une ficelle. Elle a 4 d. m. de long sur une épaisseur de 5 c. m. ½. On en fait usage en Toscane.

Fig. 4. *Entrave en bracelet pour les oies.* Lorsqu'on veut empêcher que les oies ne s'écartent trop loin des habitations, on leur met à la pate une petite entrave qui se fixe par le moyen d'une cheville. Les petits propriétaires font usage en Danemarck de ce moyen, qui peut, dans plusieurs circonstances, être employé par nos cultivateurs.

Fig. 5. *Muselière en bois.* Elle est composée de deux pièces de bois à dents, réunies à l'une de leurs extrémités par deux anneaux. Elle est employée en Espagne pour maîtriser les mules qui ne veulent pas se laisser ferrer. On saisit la lèvre supérieure de l'animal entre les deux pinces, et on la tient comprimée en rappro-

chant les deux extrémités qu'on lie avec une corde.

Fig. 6. *Entrave ou Collier pour les cochons.* Il est composé d'une traverse aux extrémités de laquelle on fait entrer obliquement deux montants, qu'on lie par une corde dans la partie supérieure, après avoir saisi le cou de l'animal. On en fait usage dans les départements méridionaux de France, pour empêcher les cochons de s'écarter au loin, de traverser les haies et les barrières.

Fig. 7. *Nasière en tenaille.* C'est une espèce de tenaille ou pince dont les extrémités sont émoussées, et la poignée garnie de deux anneaux à l'un desquels on fixe une corde qui passe librement dans le second anneau. On insinue les pinces dans les naseaux des bœufs à travers le cartilage qui les sépare : l'on conduit et l'on guide par ce moyen les bœufs, soit qu'ils labourent, soit qu'ils tirent des fardeaux. On en fait généralement usage en Toscane. Les branches ou poignées de cette nasière ont une longueur d'un d. m. Les pinces forment un arc dont la corde a 7 c. m., et dont le rayon est de 5 c. m. ½. Ce moyen pourrait être employé pour conduire d'un lieu à un autre les taureaux qui sont dangereux.

Fig. 8. *Muselière de forme ovoïde tronquée.* On la construit avec des éclisses de bois que l'on fixe avec des pointes. Elle est employée en Suisse pour empêcher les veaux de téter leur mère, et dans beaucoup d'endroits pour empêcher les bestiaux de manger lorsqu'ils doivent travailler. Elle a 26 c. m. dans son plus grand diamètre, et autant de profondeur. Les éclisses de bois dont elle se compose ont de 3 ½ à 4 ½ c. m.

Fig. 9. *Collier à ressort.* Il est employé dans quelques endroits pour attacher les bœufs et les vaches à l'étable. Il se fait avec une pièce de bois qu'on reploie sur elle-même, et qu'on retient dans cet état par le moyen d'une traverse ayant un bouton à l'une de ses extrémités et une languette à cran de l'autre. C'est en ôtant et en remettant cette traverse que l'on peut retirer ou poser le collier au cou des animaux.

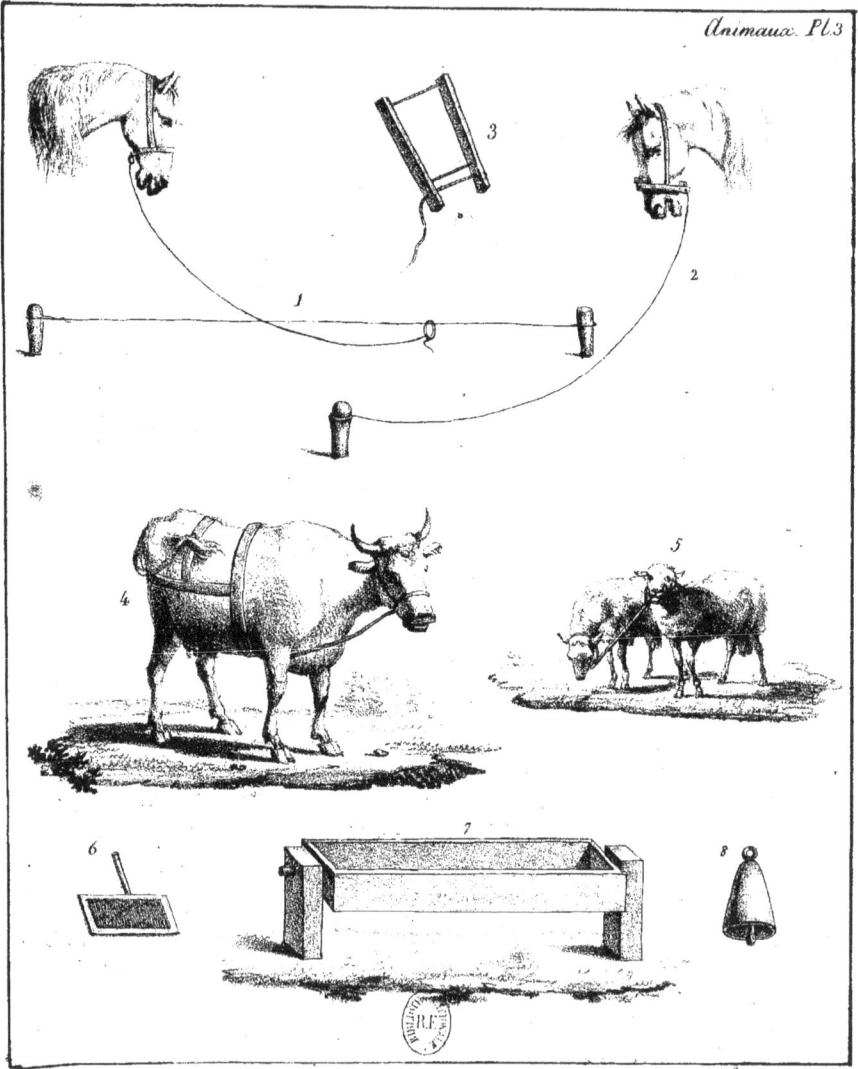

ANIMAUX.

PLANCHE III.

Fig. 1. *Piquets avec une corde pour faire pâturer les chevaux.* On enfonce deux piquets en terre, à une distance proportionnée à la quantité de pâturage qu'on veut livrer à un cheval. On fixe de l'un à l'autre une corde qui passe dans un anneau. Celui-ci est attaché à une seconde corde qui tient au licou de l'animal. Ainsi le cheval peut parcourir une bien plus grande surface de pâturage que s'il n'était attaché qu'à un seul piquet. Cette méthode est usitée en Danemarck.

Fig. 2. *Piquet pour tenir les chevaux à la corde.* Il faut changer les chevaux plus souvent de place lorsqu'on fait usage de ce moyen au lieu du précédent. La méthode de faire pâturer les bestiaux au piquet tient le milieu entre celle de faucher l'herbe et de la leur donner en vert, et celle de les laisser pâturer en liberté. Elle est préférable à la première, en ce qu'elle est beaucoup moins dispendieuse, et elle n'a pas l'inconvénient d'abîmer et de perdre beaucoup d'herbe, comme dans la seconde. Elle pourrait s'appliquer, dans beaucoup de circonstances, aux chèvres du Thibet, qui vont se propager en France.

Fig. 3. *Muselière pour contenir les bestiaux.* Lorsqu'on attache au piquet des animaux vifs ou impatients, on les empêche d'arracher les piquets ou de casser la corde, en leur mettant à l'extrémité de la tête cette muselière (*Voyez* fig. 2), qui est composée de deux morceaux de bois retenus à deux extrémités par une corde, et traversées aux deux autres par une seconde corde à laquelle l'animal est attaché, de manière que celui-ci ne peut tirer à lui sans se sentir fortement pressé; ce qui l'oblige de rester tranquille.

Fig. 3. *Martingale pour empêcher les vaches de manger les branches d'arbres.* Elle prend au licou de l'animal, et va se fixer sous le ventre à une sangle qui entoure son cou, et qui est retenue sur le derrière par une autre sangle. On en fait usage en Normandie pour empêcher les vaches de lever la tête et d'atteindre les branches inférieures des pommiers, dont les champs sont ordinairement couverts.

Fig. 4. *Moutons attachés avec un bâton.* Les petits propriétaires de Holland, qui font paître des moutons autour de leurs habitations, les accouplent avec un bâton attaché à une corde qui leur entoure le cou, de manière qu'ils ne peuvent s'écarter au loin et se perdre. J'ai vu dans le comté de Middelbourg des chèvres accouplées de la même manière. C'est encore le cas, pour les propriétaires qui voudront avoir quelques chèvres du Thibet, de les faire paître en les attachant ainsi.

Fig. 6. *Étrille en pointes de cardes.* Cette étrille est composée d'aiguilles fixées sur un cuir, lequel est cloué sur une planche ayant une poignée. Elle est absolument faite comme les cardes pour la laine et le coton. Elle a 24 c. m. de long et 12 de large. Sa poignée est longue de 13 d. m. On en fait usage en Languedoc et en Suisse. L'étrillage ne devrait pas être négligé par les fermiers qui veulent soigner leurs bestiaux.

Fig. 7. *Auge à pivot tournant.* Elle se trouve dans le canton d'Appenzel. Ses pivots forment une espèce d'axe qui tourne sur deux montants en bois fixés dans le sol. Lorsqu'on veut la vider, après l'avoir nettoyée, il suffit de la pencher sur un de ses bords. Elle sert à abreuver les bestiaux.

Fig. 8. *Cloche en bois.* Les bergers qui font paître les vaches dans les immenses bruyères, situées à peu de distance de la Loire, attachent ces cloches au cou de ces animaux. Elles sont en bois ainsi que leur battant. Elles ont 15 c. m. de hauteur, et 10 dans leur plus grand diamètre.

PLANCHE IV.

Fig. 1. *Hache-paille adapté sur un tonneau.* Il est composé d'un tonneau, sur lequel on établit deux lames larges de 7 c. m., dont l'une, inférieure, est fixée sur les deux bords du tonneau, au moyen de coudures formées à ses extrémités, ainsi qu'il est indiqué dans la gravure. La lame supérieure est attachée par un boulon à la lame inférieure, et porte à son autre extrémité un manche qui sert à la faire agir. La paille tombe dans le tonneau à mesure qu'elle est coupée. Ce hache - paille est d'une facile construction. On l'emploie dans le département d'Indre-et-Loire.

Fig. 2. *Coupe-foin à manche coudé.* On l'emploie en Toscane pour couper le foin en meule. Sa lame, en forme de cœur, a 18 c. m. de long sur 19 dans sa plus grande largeur; la coudure est de 8 c. m., et le manche a 4 d. m. Cet instrument est commode pour couper le foin entassé en meule. On l'a représenté vu de profil, afin de mieux faire concevoir la forme qui lui est propre.

Fig. 3. *Billot pour faire manger du sel aux moutons.* Il est composé d'un bloc de bois un peu concave dans sa partie supérieure, et de quatre montants qui font l'office de pieds, et qui, en permettant aux moutons de passer la tête, les empêchent de monter par-dessus, et de répandre ou de salir le sel. Les montants, cloués au bloc de bois, le soutiennent par le moyen d'entailles pratiquées dans leur partie inférieure. Ce billot, que les moutons ne peuvent renverser, est très-commode pour leur donner du sel dans les étables.

Fig. 4. *Coupe-foin en forme de bêche toute de fer.* Elle a 67 c. m. de son sommet à la cheville sur laquelle on met le pied pour couper le foin, et 4 c. m. de cette partie à la lame. Celle-ci a 3 d. m. de long sur 2 dans sa plus grande largeur. Elle est tranchante jusqu'à la moitié de sa longueur. Le manche a 67 c. m. Elle est usitée en Hollande pour couper par morceaux les meules de foin. On l'emploie en appuyant le pied au-dessus de la cheville, qui est pareillement en fer.

Fig. 5. *Coupe-foin lanciforme.* On en fait usage en Lombardie pour couper le foin en meule. La lame a 25 c. m. de long, et 20 de large. Son manche a 6 d. m.

Fig. 6. *Coupe-foin en forme de bêche.* Il se trouve chez les cultivateurs des environs de Rome. Sa lame a 36 c. m. dans sa plus grande largeur sur 30 de long. La gouge en a 20, et le manche 100.

Fig. 7. *Coupe-foin à tranchant circulaire.* On le trouve dans le Milanais, et dans le Valais en Suisse. Sa lame a 22 c. m. de large sur 26 de longueur. La douille en a 31 de long, et la cheville en fer sur laquelle on appuie le pied a 6 c. m. et le manche 60.

Fig. 8. *Hache-paille.* Les cultivateurs de Toscane s'en servent habituellement pour couper en morceaux la paille des céréales, les tiges de millet et de maïs, dont ils nourrissent leurs bestiaux. Il est composé d'une lame courbe et dentelée, soutenue à ses deux extrémités par deux montants en bois, fixés sur un banc. On place quelquefois un troisième support vers le milieu de la lame, lorsque celle-ci n'est pas assez forte. Le banc a 16 d. m. de long, les supports ont 26 c. m., et la lame 7 d. m. L'ouvrier, assis sur le banc, prend les tiges des plantes, et il les coupe en appuyant sur la lame qui est dentelée.

Fig. 9. *Sellette.* Elle est destinée, en Andalousie, pour poser les paniers dans lesquels on fait manger aux bestiaux la paille et l'orge. On peut la faire servir à exhausser les baquets pour la lessive, et pour d'autres usages analogues. Elle a 9 d. m. de haut, et 7 d'un pied à l'autre.

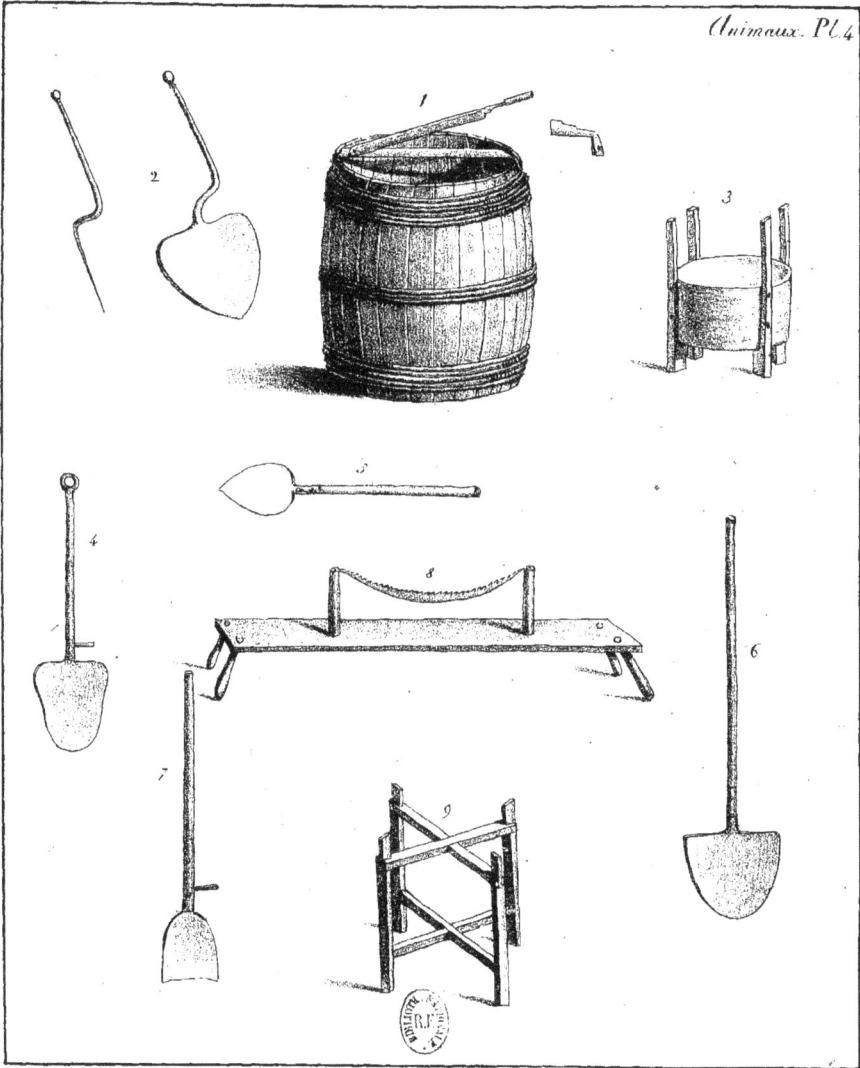

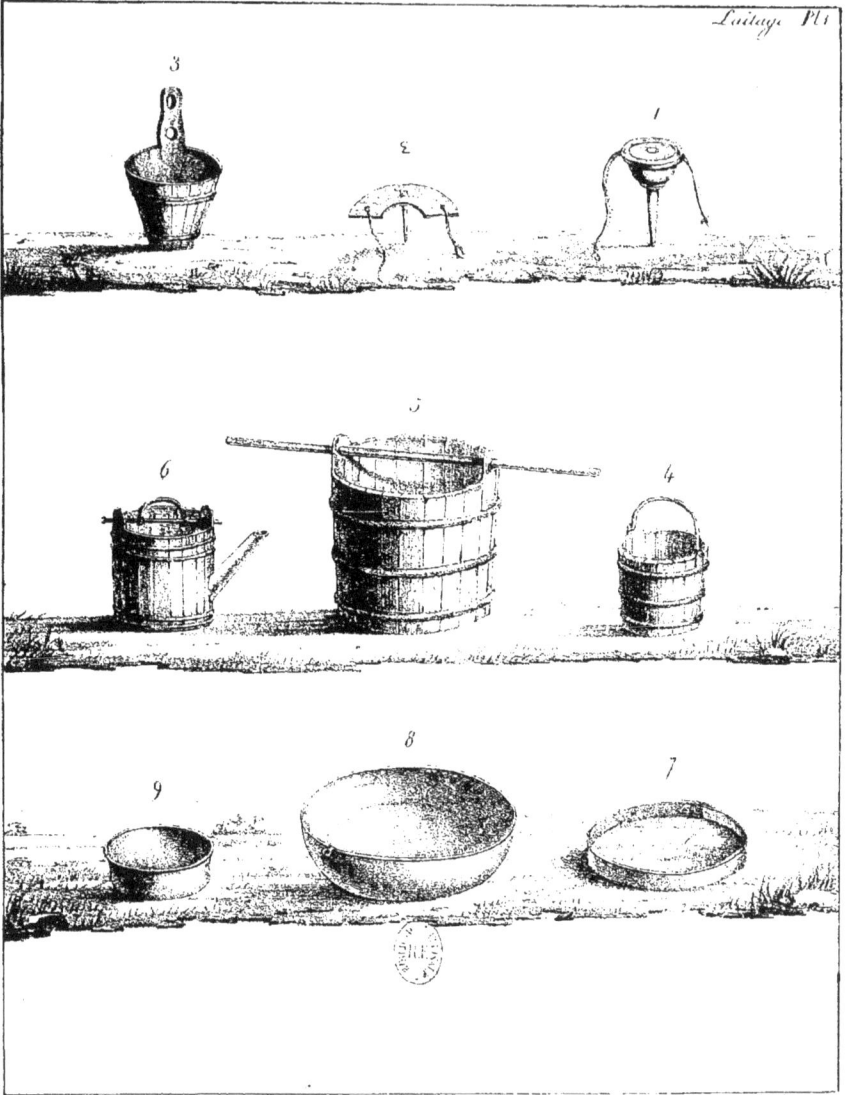

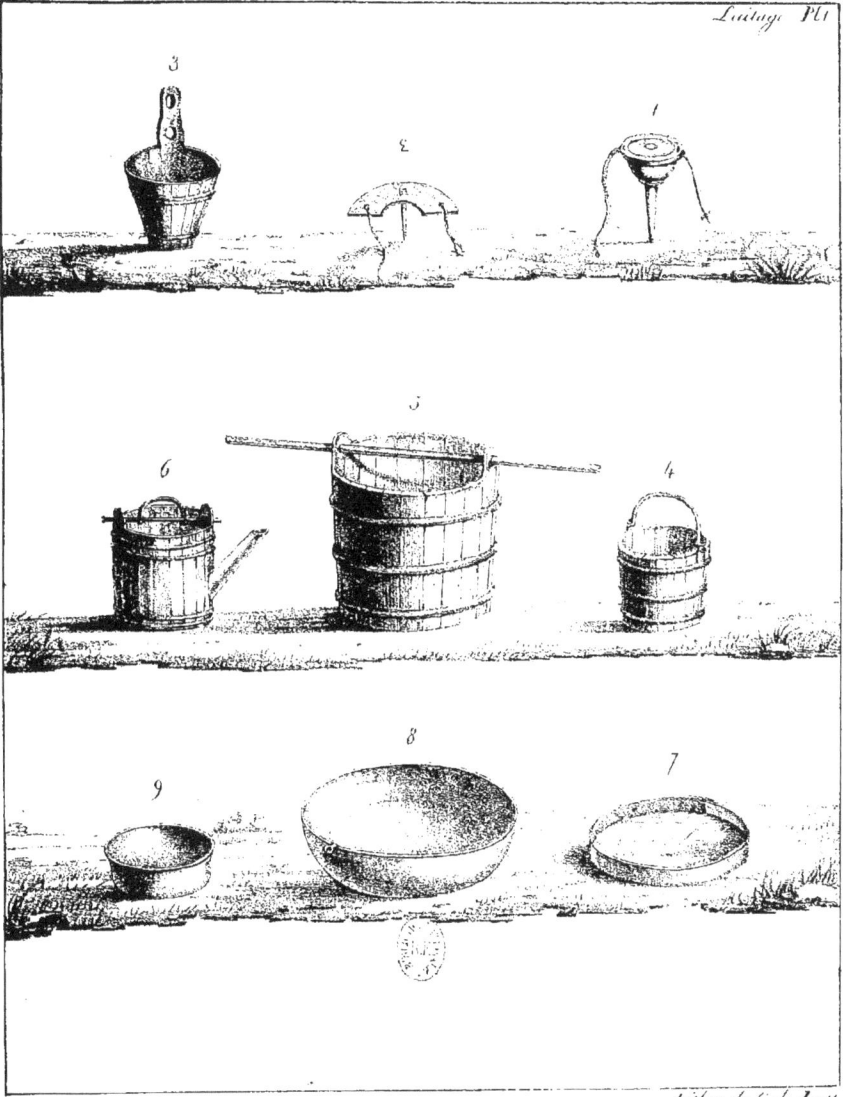

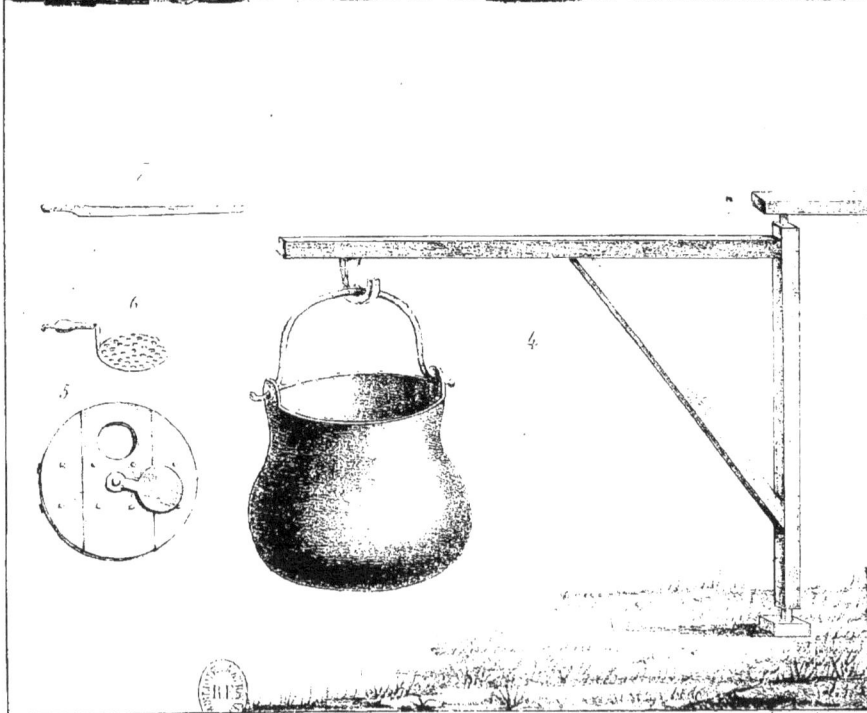

LAITAGE.

PLANCHE PREMIÈRE.

Fig. 1 et 2. *Sellettes* en usage parmi les bergers suisses, lorsqu'ils traient les vaches. La première a la forme d'un champignon, et la seconde est composée avec une planche demi-circulaire. L'une et l'autre portent un piquet qui sert de soutien, et des sangles qui se bouclent ou des cordes qui s'attachent au corps de la personne qui trait les vaches. Elle porte ainsi à son derrière, en allant d'une vache à l'autre, la sellette sur laquelle elle se repose pendant le trayage. La première, fig. 1, a 24 c. m. de diamètre et 33 c. m. en hauteur.

Fig. 3. *Vase à traire* employé dans presque toute la Suisse. Il est formé par des douves avec une poignée de 24 c. m. de longueur à prendre des bords du vase. Celui-ci a 26 c. m. dans son plus grand diamètre, et 15 dans son plus petit, sur 30 de hauteur. Il est très-commode pour l'opération à laquelle on le destine.

Fig. 4. *Seau pour traire les vaches*, employé dans la Lombardie. Il a 3 d. m. de haut, 3 ½ à son diamètre supérieur, et 3 à l'inférieur.

Fig. 5. *Comporte* en usage dans le Lodésan pour transporter le lait des pâturages dans la ferme. Elle a 6 d. m. ½ de haut, 6 à son diamètre supérieur, 5 ½ à l'inférieur.

Fig. 6. *Seau à transporter le lait.* Il est en usage dans le canton de Zuric. L'anse, fixée par une baguette qui traverse deux douves saillantes, peut s'enlever à volonté. Elle sert aussi à assujettir un couvercle en bois, dont on se sert dans les longs transports.

Fig. 7 et 8. *Rondelle* sur laquelle on pose le *vase*, fig. 8, qui sert à contenir le laitage. On fait usage de vases de cuivre en été, et de bois en hiver. Ils ont 8 d. m. de diamètre, et 19 c. m. de hauteur. Ils sont employés dans le Milanais.

Fig. 9. *Vase à transvaser le lait.* Il est en cuivre, d'un diamètre de 4 ½ d. m. sur 23 de hauteur.

PLANCHE II.

Fig. 1. *Vase à passer le lait.* Il est de fer-blanc, et quelquefois en bois. Il a 21 c. m. à son orifice, 4 à sa base, et 21 de hauteur. Il s'emploie en Suisse, où l'on met au fond de l'intérieur une poignée d'herbes, ordinairement la clématite (*clematis vitalba.*)

Fig. 2. *Couloir à passer le lait*, avec *son support*. Il est en bois, et il est percé à sa base de trous qu'on recouvre d'une toile lorsqu'on veut cou-ler le lait. Il a 4 d. m. ½ dans son plus grand diamètre, et 22 c. m. de haut. Son support a 9 d. m. de longueur. Le diamètre de l'ouverture dans laquelle on place le couloir, est de 3 d. m. ½.

Fig. 3. *Moule à cérat*, second fromage qu'on retire du petit lait. Il est fait avec une planche très-mince, courbée circulairement et contenue par une corde que l'on serre plus ou moins par une crémaillère en bois. Il a deux d. m. de hauteur sur 3 de large. Il est en usage en Suisse.

Fig. 4. *Chaudière à lait.* Elle est accrochée à une potence mobile par le moyen de laquelle on met ou l'on retire le lait de dessus le feu. Elle est employée dans toute la Suisse. Elle porte en hauteur 7 d. m.

Fig. 5. *Couvercle* de la chaudière. Il est percé d'un trou qu'on ouvre ou qu'on ferme par le moyen d'une planchette qui tourne sur une cheville à laquelle elle est fixée.

Fig. 6. *Passoire* en cuivre avec laquelle on enlève et l'on fait égoutter le caillé, avant de le mettre dans les moules. Elle a 23 c. m. de diamètre, et son manche 15 de long.

Fig. 7. *Couteau en bois* qui sert à couper le caillé dans la chaudière. Il est long. de 4 d. m. et large de 4 c. m.

Lithog. de C. de Last

LAITAGE.

PLANCHE III.

Fig. 1. *Table pour faire égoutter les fromages.*
Cette table, en usage dans le Lodesan, est portée par deux supports en briques, dont l'un
est un peu moins élevé que l'autre, afin de tenir
la table inclinée à son extrémité angulaire, où
elle est percée d'un trou pour l'écoulement du
petit-lait. Elle a 17 d. m. de long sur 7 de large,
avec des rebords de 12 c. m. On peut lui donner quatre supports en bois, ainsi que cela se
pratique en Suisse.

Fig. 2. *Petit moule circulaire à fromages.* Il
est formé par une planche très-mince, longue
de 10 d. m. et large de 22 c. m. On la resserre
par le moyen d'une corde que l'on tourne autour de sa circonférence. Usité dans le Lodesan.

Fig. 3. *Toile pour mettre sous les moules.*
C'est une toile ordinaire de chanvre, qui sert
à retenir le caillé, et à donner passage au petit-
lait.

Fig. 4. *Fourchette en fer.* Elle sert à étendre
la toile, n° 3, qu'on pose sous le moule, n° 2,
afin de permettre au petit-lait du fromage de
trouver une issue pour s'échapper. Elle a une
longueur de 24 c. m.

Fig. 5. *Moule carré.* Il est employé en Suisse
pour faire les seconds fromages qu'on retire du
petit-lait, et qu'on désigne sous le nom de *tome.*
Il a un fond percé de trous.

Fig. 6. *Moule à fromage de Gruyère.* Il se fait
avec une planche longue et mince, sur laquelle
on fixe une petite pièce de bois qui règle la
fermeture que doit avoir le moule, afin de
maintenir tous les fromages dans un égal diamètre. On donne une plus grande étendue au
moule lorsqu'on le remplit de caillé, et on le

resserre à mesure que le fromage se rapetisse par
l'écoulement du caillé. On le fixe au moyen
d'une corde.

Fig. 7. *Réseau en ficelle.* On le pose au-dessous des moules pour faciliter l'écoulement du
petit-lait.

Fig. 8. *Moule à fromage en forme de tour.*
Il est usité dans le Grindelwald en Suisse, pour
faire le *sérac* ou *féré*, fromage extrait du petit-
lait. Il est formé de quatre planches, dont les
deux opposées sont percées de trous. Il est évasé
par le bas, et contenu dans le haut par une
bande en bois. La planche carrée, qui se voit
sous le même numéro, est un fond mobile retenu par deux petites traverses, qu'on fait passer
dans les trous inférieurs.

Fig. 9. *Moule circulaire d'une seule pièce.* Il
est en bois, et a un fond percé de trous. La
capacité et les formes de ces moules peuvent
varier à volonté.

Fig. 10. *Moule de fromage figuré.* Cette méthode d'imprimer sur les fromages différentes
figures se trouve pratiquée dans le royaume de
Grenade. On grave sur une planche les formes
et les figures qu'on veut donner aux fromages,
dans les dimensions dont on a besoin. On fait
sur la même planche un ou plusieurs fromages,
en entourant les moules de bandes nattées en
sparte, dans lesquelles on jette le caillé. Ces
formes peuvent servir également à figurer des
pains de beurre.

Fig. 11. *Table ronde à saler les fromages.*
Elle a 8 d. m. de diamètre. On a ménagé sur
les bords un petit trou dans lequel on met le sel.

On voit, sur le côté droit de la table, n° 1,

deux figures qui représentent deux fromages, dont le supérieur est enveloppé dans un tricot à mailles lâches, et accroché contre une muraille. C'est ainsi que l'on dispose, dans quelques endroits des Pyrénées, le caillé de seconde cuite, pour en former des fromages. On le pétrit aussi, et après lui avoir donné la forme d'un melon, on le traverse de part en part avec une cheville, et l'on forme sur sa circonférence, des côtes, par le moyen d'une corde que l'on serre un peu, et qu'on tourne alternativement sur les deux extrémités de la cheville.

PLANCHE IV.

Fig. 1 et 2. *Fourneau à faire chauffer le lait.* On a représenté sa coupe sous la figure 1, et son plan sous la figure 2. Il est construit en brique; il a une forme conique, excepté d'un côté où il est ouvert. On y descend par une pente ménagée à cet effet, figure 2. La chaudière, aussi de forme conique, est suspendue à une potence qui tourne sur son pivot, et dans une pièce de bois fixée dans le mur. Ce genre de construction, qui se pratique dans le Lodesan pour la fabrication des fromages, est avantageux; car il économise le combustible en concentrant la chaleur, et il donne la facilité de retirer la chaudière de dessus le feu lorsqu'on veut manipuler le laitage. La potence, ainsi que son bras, a un mètre de longueur. Le grand diamètre de la chaudière est de 12 d. m., et le plus petit de 5 ½, et sa profondeur de 12 d. m.

Fig. 1. *Manière de couler le lait.* On forme en buis une fourche aplatie, qui porte à son talon un montant à crochet, auquel on adapte un vase conique. La fourche qui maintient ce vase est posée sur un baquet, dans lequel tombe le lait, après avoir coulé à travers des feuillages de sapin ou d'autres plantes. Cet appareil est généralement employé en Suisse. On attache quelquefois une toile de crin à la base du couloir. Celui-ci a 4 d. m. à son orifice, sur une hauteur de 37 c. m.

Fig. 2. *Seau à traire les vaches.* Il est fait de petites douves, retenues par deux cercles de bois. L'anse s'attache avec deux chevilles, et se rabaisse intérieurement sur les bords du vase. On le trouve dans la vallée de Chamouny.

Fig. 3. *Moule pour les fromages de chèvre.* C'est un vase percé de huit trous, dont le diamètre supérieur est de 17 c. m., et le diamètre inférieur de 13 c. m. Sa hauteur est de 5 c. m. On l'emploie dans les laiteries du Cantal, pour faire des fromages de chèvre très-estimés.

Fig. 4. *Vase à support.* Il a la forme d'une écuelle : il est garni à son centre d'un support, sur lequel on pose le moule précédent. Il sert à recevoir le petit-lait qui s'écoule du fromage. Il a 3 c. m. de haut.

Fig. 5. *Brassoir à crochet pour le laitage.* Cet instrument est employé en Suisse pour diviser le caillé qu'on laisse former dans une chaudière. Il est fait avec une branche de bois dont les rameaux sont taillés en crochet. Les deux derniers de la partie supérieure sont recourbés en demi-cercle et fixés dans la tige. La longueur de la tige occupée par les crochets est de 7 d. m., et la partie à nu est de 8 d. m. Les crochets ont 9 c. m. de long.

Fig. 6. *Brassoir à chevilles.* Il est en usage dans le Lodesan pour la fabrication des fromages. Il est composé d'un bâton long de 18 d. m., percé dans une longueur de 5 d. m., de treize trous croisés dans lesquels on fait passer des chevilles longues de 33 c. m.

Fig. 7. *Battoir à disque.* C'est un bâton long de 17 d. m., qui porte à son extrémité un disque en bois, dont le diamètre est de 28 c. m. Il est bombé dans sa partie inférieure. Il sert à soulever et à agiter le caillé.

Fig. 8. *Bâton à remuer le caillé.* Il sert également, dans le Lodesan, à agiter le petit-lait dans la chaudière lorsqu'on veut obtenir un second fromage.

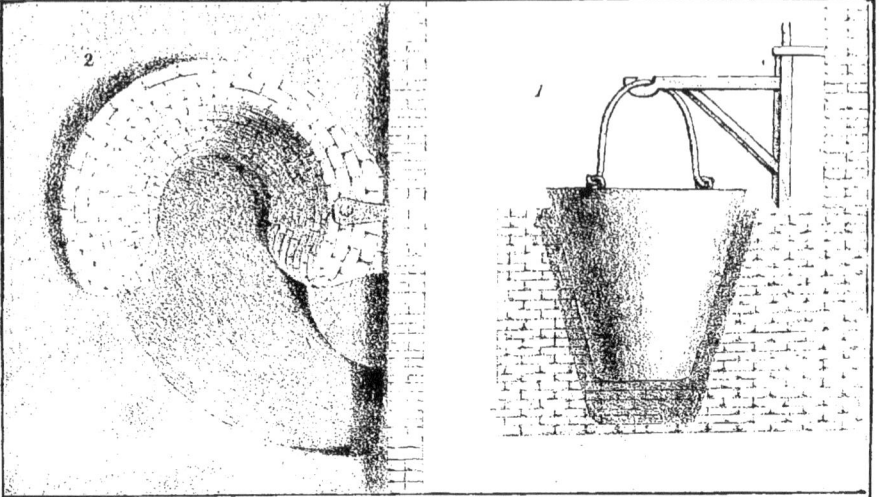

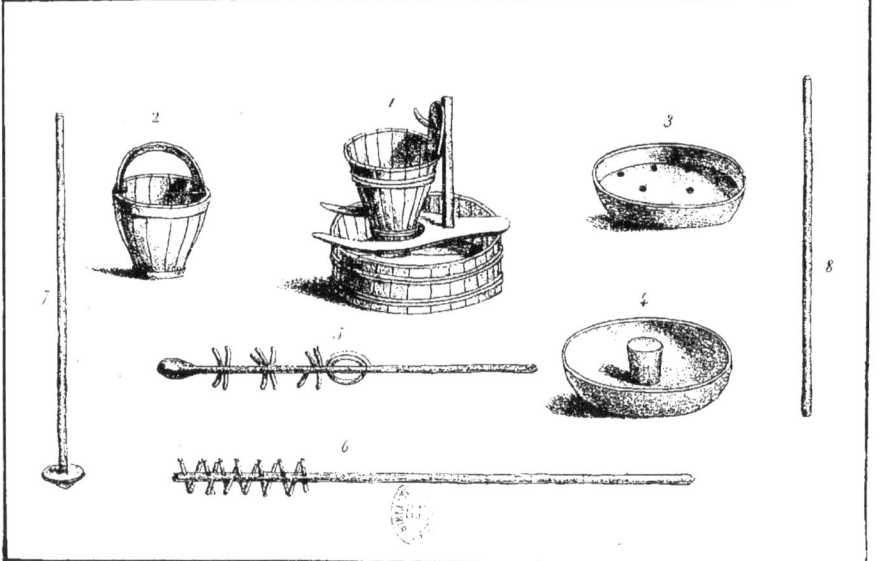

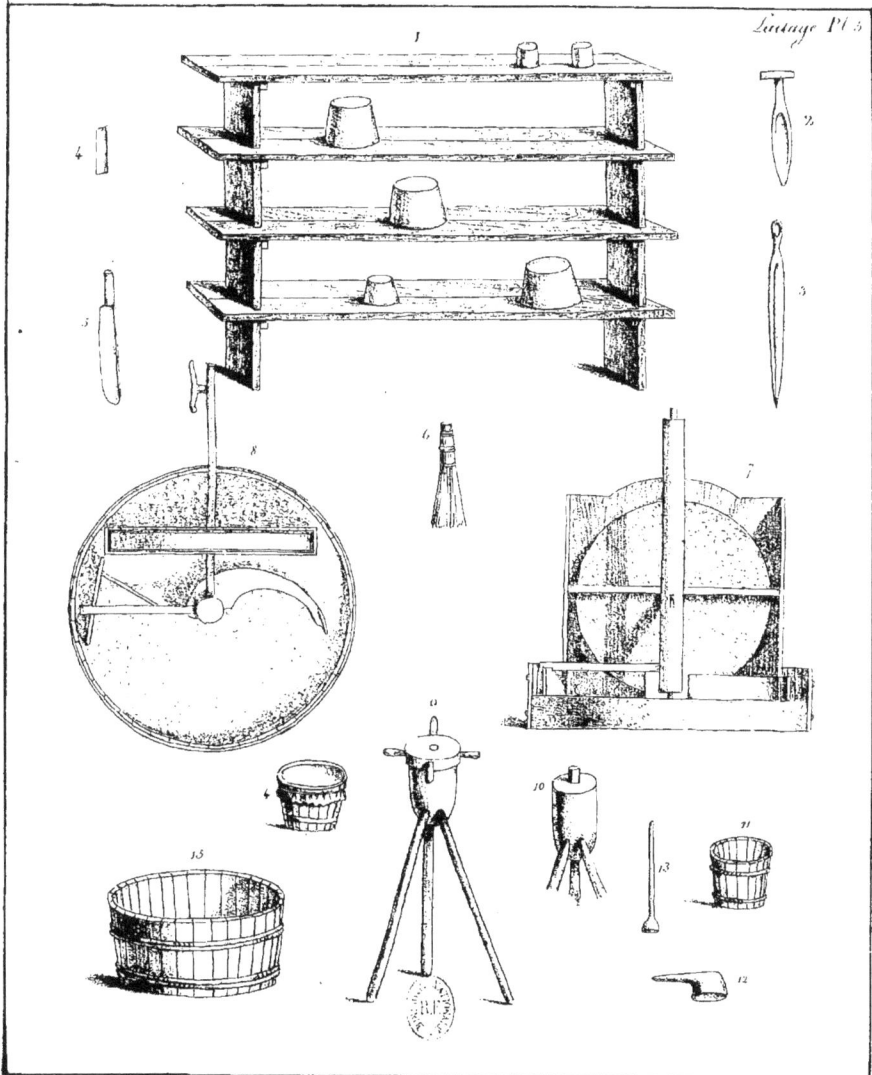

LAITAGE.

PLANCHE V.

Fromage de *Schabzieger*. La fabrication de ce fromage, qui a lieu dans le canton de Glaris, est toujours combinée avec celle du beurre. Après avoir enlevé toute la crème du lait, on fait bouillir celui-ci ; lorsqu'il monte, on y verse du petit-lait aigri ; on remue, et lorsque la masse est prise, on la jette dans des sacs de toile, pl. 6, fig. 3, ou dans des boîtes faites d'écorces de sapin, fig. 4 ; et l'on continue ainsi chaque jour, jusqu'à ce que les sacs soient remplis ; on les laisse égoutter dans un lieu frais. On peut les conserver dans cet état pendant 3 ou 4 mois, avant d'en faire usage. On emploie aussi cette pâte de fromage que les Suisses nomment *séré*, aussitôt qu'elle sort de la chaudière ; mais, dans tous les cas, elle doit être séparée de tout le petit-lait qu'elle contient : c'est pour cette raison qu'on lui fait subir une pression avant de l'employer. On met à cet effet les sacs sur un plancher, fig. 3, pl. 6, par couches de deux sacs placés transversalement les uns sur les autres. On forme ainsi des piles de 8 sacs, qu'on recouvre avec des planches sur lesquelles on pose de grosses pierres. On laisse le tout dans cet état jusqu'à ce qu'il ne s'écoule plus de petit-lait. Les sacs pèsent de 30 à 32 kilogrammes.

Pour procéder à la confection du *Schabzieger*, on jette sur l'aire du moulin, fig. 7, et 8, pl. 5, le séré contenu dans un sac, et on ajoute sur cette quantité deux mesures et demie de mélilot (Melilotus officinalis, L.) et deux mesures de sel blanc. Cette mesure a 18 c. m. de diamètre sur 10 de hauteur. On jette quelquefois sur l'aire du moulin 65 à 75 kilogrammes de séré, sur 5 mesures de mélilot. On fait alors tourner la meule pour triturer le tout jusqu'à ce que les deux matières soient bien mélangées, opé-ration qui dure environ deux heures. Il faut observer que le mélilot a été auparavant bien séché et réduit en une poudre très-fine ; on remet ensuite la pâte dans les sacs, et on la porte au lieu où doivent se faire les fromages. On a à cet effet des moules ou petits vases de bois, fig. 11, pl. 5, dans lesquels on met une toile dont les bords se replient sur la partie extérieure du vase fig. 4 *bis*, se fixent avec une corde ; on y jette une certaine quantité de pâte, qu'on frappe fortement avec un pilon aplati par le bout, fig. 13 ; on réitère cette opération jusqu'à ce que le moule soit rempli de pâte bien tassée, et l'on donne la dernière compression avec une batte de bois, fig. 12 ; alors on retire ces fromages de leurs moules, et on les place sur des tabettes, fig. 1. Après les avoir laissés dans cet état pendant quelques jours, on arrondit leurs angles avec un couteau, fig. 4 ; on fait cette opération sur le tour fig. 9. On les laisse sur les tabettes afin de les faire sécher et durcir. On les expédie au bout de 3 ou 4 mois, époque où ils sont suffisamment secs. Ils sont d'autant meilleurs qu'ils sont plus secs et plus vieux. Ils ont atteint au bout d'une année toute leur maturité.

Le seul soin qu'on doit donner aux fromages qu'on a déposés dans des magasins, c'est de brosser une ou deux fois par semaine les planches sur lesquelles on les dépose. Le prix courant des fromages de Schabzieger dans le canton de Glaris est de 5 à 5 florins le quintal poids de marc. Il serait facile d'introduire en France ce genre de fabrication, utile pour la marine.

Fig. 1. *Tabettes pour conserver le fromage de Schabzieger :* elles sont distantes les unes des autres de 3 d. m.

Fig. 2. *Sonde pour les fromages.* Lorsqu'on

veut goûter les fromages et en reconnaître la qualité, on l'enfonce en tournant, et l'on apporte un petit cylindre de fromage en retirant l'instrument. La partie concave a 14 c. m. de long, et le manche en a 5 ¹.

Fig. 3. *Sonde pour les pains de beurre*. Elle est plus longue que la précédente, et elle est employée aux halles de Paris. Sa gouge a 13 c. m. de long.

Fig. 4. *Lame de couteau pour nettoyer les fromages*.

Fig. 5. *Couteau pour nettoyer les fromages*. Sa lame, longue de 37 c. m. sur 5 dans sa plus grande largeur, a un manche long de 12 c. m.; il est employé dans le canton de Glaris et dans le Lodésan pour racler les fromages de temps à autre.

Fig. 6. *Balai pour les fromages*. Lorsqu'on a raclé les fromages avec un couteau, on les nettoie avec ce balai. On s'en sert aussi pour enlever les ordures des tablettes. Il a 4 d. m. de long.

Fig. 7. et 8. *Moulin pour le fromage de Schabzieger*. La première figure représente la coupe du moulin, et la seconde son plan. Il est composé d'une mai ou meule en pierre de 2 mètres de diamètre, entouré d'un rebord en planche qui s'élève de trois d. m. au-dessus de la superficie de la mai. Au centre s'élève un arbre dont l'axe supérieur tourne dans un trou pratiqué au plancher. A ce montant se trouve fixé un levier qui traverse la meule verticale, et à l'extrémité duquel on attelle l'animal qui fait tourner la meule. On attache sur ce même levier un cadre en bois, posé verticalement sur les deux côtés de la meule, et sur deux points de sa circonférence. Le cadre sert à faire retomber la pâte du fromage qui s'attache à la meule. On établit à la base de l'arbre une racloire formée par une pièce de bois demi-circulaire qui a 16 d. m. dans sa courbure

extérieure, 20 d'épaisseur et 17 de largeur; elle sert à écarter la matière caseuse du centre et à la ramener à la circonférence; tandis qu'une planche haute de 24 c. m. et longue de 58 fait dans le sens inverse la fonction de racloire, et ramène la matière de la circonférence au centre. Elle est fixée dans une rainure pratiquée à l'extrémité d'une pièce de bois carrée longue de 10 d. m. qui s'attache à la base de l'arbre montant. La meule verticale en pierre qui sert à broyer le fromage a 14 d. m. de diamètre et 16 c. m. d'épaisseur. Elle roule dans un encaissement en bois dont on a donné la coupe à la fig. 7, et qui est destiné à empêcher que le fromage ne se répande hors du moulin. Il est placé à 5 c. m. de la meule, et à une élévation de 93 c. m.

Fig. 9. *Tour sur lequel on façonne les fromages*. Il est composé d'un billot de bois long de 23 c. m. soutenu par trois pieds longs de 8 d. m.; il a à son centre supérieur une cheville qui reçoit un plateau de 2 d. m. de diamètre, et armé de trois chevilles qui servent à le faire tourner.

Fig. 10. *Tour sans plateau*.

Fig. 11. *Vase qui sert de moule*. Il est pareil à celui de la figure 14 (4), excepté qu'il n'est pas garni de linge. Il a 22 c. m. de haut, et 23 dans son plus grand diamètre. On varie ces dimensions.

Fig. 12. *Batte pour frapper les fromages*. Elle a 12 c. m. de diamètre, son manche a 60 c. m. de long.

Fig. 13. *Pilon pour tasser la pâte des fromages*. Il a 4 d. m. de long, sur 4 c. m. de diametre à sa base.

Fig. 14. (4). *Moule avec un linge*.

Fig. 15. *Cuveau*. Il sert à placer le tour et à recevoir les rognures qui tombent lorsque l'ouvrier arrondit les fromages avec un couteau.

Lithog. de C.e de Last.

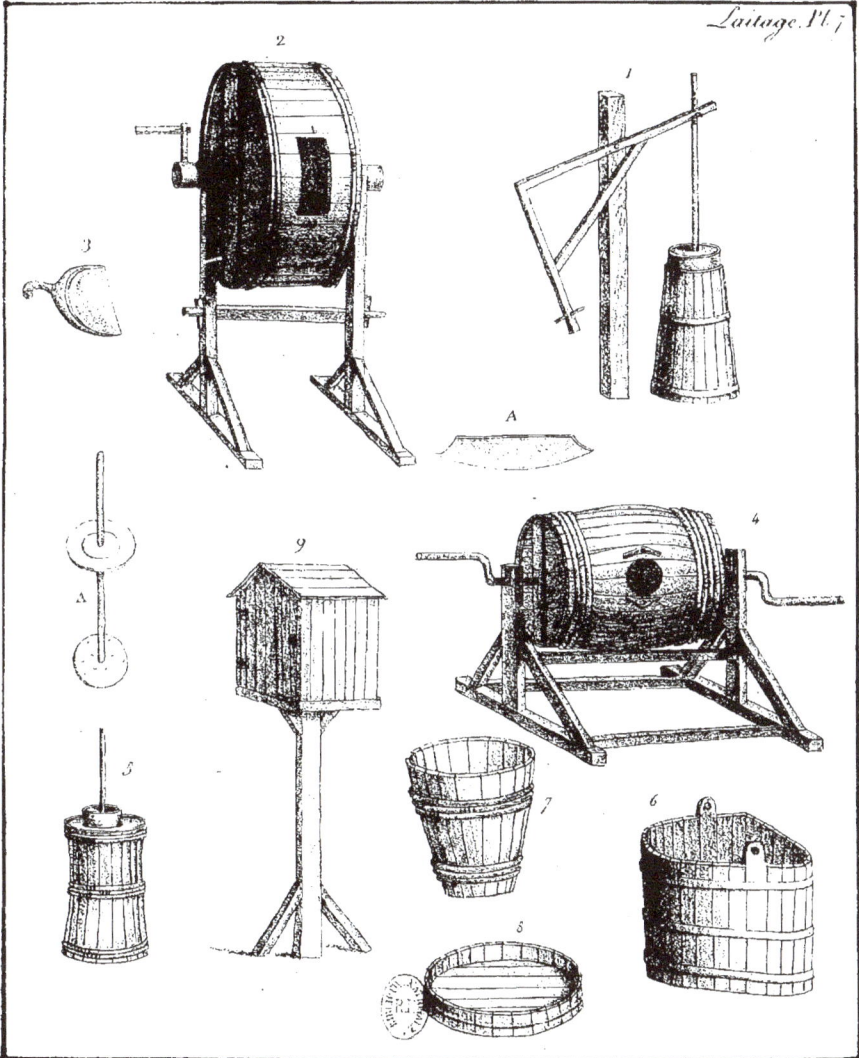

PLANCHE VI.

Fig. 1. *Presse à levier pour les fromages.* Elle se compose d'une table à rebords avec une échancrure pour laisser tomber le petit-lait. Cette table est soutenue par deux tréteaux, et reçoit à son centre le moule dans lequel est le fromage qu'on veut presser. On couvre le fromage par un plateau qui porte une traverse mobile, percée à son milieu d'un trou dans lequel on met une barre ; celle-ci produit la pression par le moyen d'un levier auquel elle est attachée. Le levier, fixé à une poutre du plancher A, est chargé à l'une de ses extrémités d'une grosse pierre. Lorsqu'on veut faire cesser la pression, on abaisse l'autre extrémité du levier par le moyen d'une corde B, qui s'attache à une cheville enfoncée dans une muraille. Le moule a 6. d. m. de diamètre et 1 de hauteur. La table a 8 d. m. dans sa plus grande largeur, et 19 de long. Usitée en Suisse.

Fig. 2. *Presse en table pour les fromages.* Elle est formée par une table épaisse, légèrement creusée sur sa surface, et soutenue par quatre pieds. On ménage sur l'un de ses bords une gouttière pour laisser tomber le petit-lait. Après y avoir placé un fromage entouré de son moule, on le recouvre avec une planche d'une dimension semblable à celle de la presse, et qui est percée de trois ouvertures dans lesquelles on fait entrer trois montans en bois fixés sur la table. Ces pièces de bois servent à retenir la planche et à empêcher qu'elle ne vacille. On la couvre de pierres plus ou moins lourdes, selon ce qu'on veut opérer de pression.

Fig. 3. *Manière de presser le Schabzieger.* Il en a été parlé dans l'article précédent.

Fig. 4. *Boîte d'écorce de sapin pour conserver le fromage.* On en fait usage en Suisse, dans les lieux où l'on fabrique le Schabzieger.

Fig. 5. *Table à roulettes pour échafaudage.* Elle est usitée en Lombardie pour nettoyer les fromages qu'on tient sur des tabettes dans les fromageries. On la fait aller d'un lieu à l'autre vis-à-vis des tabettes. Un homme monte au-dessus, prend les fromages, les racle avec un couteau et les frotte avec un balai, après les avoir posés sur le tabouret. La table a 19 d. m. de long sur 7 de large, et 12 d'élévation.

PLANCHE VII.

Fig. 1. *Machine à battre le beurre.* C'est une baratte ordinaire, dont la batte est fixée à un levier en forme d'équerre, et qui est suspendue à un poteau par un boulon en fer. On le place souvent entre deux poteaux. L'ouvrier fait mouvoir le levier en le baissant et le levant alternativement, après avoir saisi de ses deux mains la cheville qui se trouve à son extrémité ; cette cheville se place plus ou moins en avant du levier, selon la taille de la personne qui bat le beurre. On élève aussi plus ou moins la batte par le moyen d'une autre cheville, selon que la baratte est remplie d'une quantité plus ou moins considérable de crème. On l'emploie en Hollande.

Fig. 2. *Baratte en forme de tonneau raccourci.* Elle est traversée d'un axe qui porte sur deux montans à pied, réunis par une pièce de bois. Elle est mise en mouvement au moyen d'une manivelle fixée à l'une des extrémités de l'axe. On y jette la crème par une ouverture qui se ferme avec une porte. Elle est usitée en Allemagne. Elle a de 8 à 9 d. m. de diamètre et 3 à 4. de largeur.

Fig. 3. *Écrémoir.* Il est en bois avec un petit manche recourbé. On en fait usage en Suisse. Il a à peu près la même forme dans le Lodésan, et il est en métal.

Fig. 4. *Baratte en forme de tonneau.* Elle est traversée par un axe en fer dont les extrémités sont coudées en forme de manivelle. Cet axe est assujetti dans un trou carré pratiqué à deux pièces de bois posées sur les fonds du tonneau. Ces deux pièces sont remplacées quelquefois, et avec plus de solidité, par deux croix en fer. Cette baratte, dans laquelle on peut faire 100 liv. de beurre à la fois, a 1 m. de long sur 5 d. m. dans son plus grand diamètre. L'ouverture par laquelle on jette la crème, a 16 c. m. de diamètre. On la bouche avec un bondon couvert de linge, et assujetti par le moyen d'une cheville qu'on fait passer dans les trous de deux gâches en bois placées à côté de l'ouverture. On pratique aussi dans le tonneau un trou de 2 c. m. ¼ de diamètre qui sert à laisser échaper le petit-lait, et à introduire l'eau nécessaire au lavage du beurre. La lettre A indique une planchette de 10 c. m. de hauteur qu'on fixe dans l'intérieur du tonneau ; on en place deux diamétralement opposées l'une à l'autre. Elles servent à rompre la crème. On fait usage de cette machine dans le pays de Bray en Normandie.

Fig. 5. *Baratte cylindrique.* On établit au-dessus de l'ouverture une coupe percée, afin d'empêcher le jaillissement de la crème à l'extérieur. La lettre A représente la forme de la batte. On peut varier selon le besoin les dimensions de cette baratte, qui est le plus généralement usitée dans les fermes.

Fig. 6. *Baquet à crème.* Il est employé dans le Lodésan. Il a 6 d. m. de long sur 4 dans sa plus grande largeur, et 5 ¼ de haut.

Fig. 7. *Vase à conserver le beurre.* Cette forme conique est importante ; car le beurre, en s'affaissant, remplit tous les interstices, et interdit ainsi l'accès à l'air, qui le corromprait.

Fig. 8. *Vase pour faire monter la crème.* Il a 6. d. m. de diamètre, et 10 ou 12 c. m. de haut. Une grande surface et peu de profondeur favorisent l'ascension de la crème. Il est usité en Suisse.

Fig. 9. *Niche à faire sécher les fromages.* Elle est en usage dans la Belgique, où on l'établit dans le milieu des cours. Elle ferme à clef, et on y monte avec une échelle.

A

1

2

3

4

5

Lithog. de C. de Last.

VOLAILLE.

PLANCHE PREMIÈRE.

Fig. 1. *Nids de poules en briques*. On construit, en Andalousie, ces sortes de nids pour faire couver les poules. A cet effet, on applique, à angles droits, contre une muraille, deux tuiles ou briques qu'on recouvre avec deux autres en forme de toit; on continue ainsi de suite, et l'on pose sur le devant une rangée de tuiles qui forment le nid. On cimente le tout avec du plâtre. Ces nids sont d'une construction peu dispendieuse, et peuvent être entretenus avec propreté.

Fig. 2. *Cage pour porter la volaille au marché*. Elle est faite avec un cercle en bois, percé de trous pour donner de l'air, avec un fond en bois ou en toile, et recouvert d'une toile en forme de cône. On laisse une ouverture par le haut pour faire entrer les oiseaux.

Fig. 3. *Entonnoir pour gorger la volaille*. Il est en fer-blanc, taillé en bec de flûte à son extrémité. Il a 33 c. m. de long et une ouverture du diamètre de 8 c. m., et de 2 c. m. vers son extrémité. On l'emploie à Toulouse pour faire avaler la nourriture aux oies mises à l'engrais.

Fig. 4. *Poulailler formé avec une échelle*. On plante quatre poteaux dans une cour, sur lesquels on assujettit une échelle, et on établit au dessus une toiture en paille. On y adapte une échelle formée avec une perche traversée de bâ-

tons. Se trouve dans le département des Landes.

Fig. 5. *Poulailler formé avec une roue de charrette*. On prend, dans le même département, une vieille roue de charrette, qu'on assujettit au haut d'un poteau; on y met un toit, sous lequel la volaille va coucher au moyen d'une échelle.

Fig. 6. *Cages pour la volaille ou pour les oiseaux*. On les construit, en Catalogne, avec l'*arundo calamagrostis*. L., sur des dimensions plus ou moins grandes. On a, à cet effet, un plancher rond, aux bords duquel on attache avec des ficelles les joncs qui se croisent en losange.

Fig. 7. *Juchoir incliné pour la volaille*. On fixe, sur le sol et contre une muraille, dans un poulailler, deux pièces de bois entaillées, et posées dans un plan assez incliné pour que les volailles ne soient pas verticalement les unes au-dessus des autres. On place d'une entaille à l'autre des perches qu'on assujettit avec des clous. Usité aux environs de Paris.

Fig. 8. *Juchoir horizontal pour la volaille*. On établit, aux deux extrémités d'un poulailler, deux piquets, sur lesquels on fixe une traverse, et l'on cloue, d'une traverse à l'autre, des perches sur lesquelles se pose la volaille. On s'en sert dans le Milanais.

PLANCHE II.

Fig. 1. *Pots à faire nicher les moineaux*. Dans la commune de Savigny, département de Seine-et-Marne, on prend les moineaux en garnissant les arbres avec des pots, dans lesquels ces oiseaux destructeurs viennent faire leurs nids.

Fig. 2. *Poulailler ambulant*. On a la coutume, dans plusieurs villes de Hollande, de construire ces petits poulaillers qu'on conduit, pendant le jour, dans les rues ou sur les places. Ils ont environ 8 d. m. d'élévation. Les poules entrent et sortent à volonté par une petite porte

pratiquée à l'une des extrémités, et vont chercher leur nourriture dans les rues. On prend
les œufs; on nettoie le poulailler au moyen·
d'une porte située sur un côté et fermant à clef.
On construit, dans l'intérieur, les nids où vont
pondre les poules, ainsi qu'on l'a indiqué dans
le plan lett. A. La partie supérieure est garnie
de bâtons, sur lesquels se reposent ces oiseaux.

Fig. 3. *Panier à filet pour porter les volailles.*
On porte sur les marchés les volailles dans des
corbeilles avec un petit rebord , auquel on
adapte un filet. Cette méthode, usitée en Toscane, est très-commode.

Fig. 4. *Nids pour les canards.* Ces nids ont
une forme de poires, et sont nattés en joncs ou
en paille. On les pose sur une planche soutenue
au-dessus de l'eau par deux piquets. On adapte
sur le bord de la planche une planchette à
échelons, qui plonge dans l'eau, et facilite aux
canards l'accès de leurs nids. En usage sur les
canaux de Hollande.

Fig. 5. *Abris pour les oiseaux aquatiques.* On
les construit en Hollande et en Allemagne. On
forme un plancher, au milieu duquel on établit
un poteau qui soutient un toit en paille. Les
oies et les canards viennent se reposer sous cet
abri, qu'on fixe sur la surface de l'eau.

ABEILLES.

PLANCHE PREMIÈRE.

Fig. 1. *Ruche de forme carrée oblongue.* On en fait usage dans le canton d'Assly en Suisse. Elle a 4 décimètres de long sur 2½ de large et 2 de haut. Le trou, par lequel entrent les abeilles, peut s'ouvrir ou se fermer à volonté, au moyen d'une planchette qui tourne sur une cheville de bois. Ces petites ruches sont d'une construction facile et peu coûteuse, sur-tout dans les pays où le bois est commun.

Fig. 2. *Ruche de forme carrée oblongue, supportée par quatre pieds.* Elle ressemble à la précédente, et offre une égale simplicité dans sa construction. On forme une caisse dont les parties, unies par des chevilles, se fixent sur un plateau au moyen d'autres chevilles. Ce plateau est élevé au dessus du sol par quatre supports. Elle est usitée en Toscane. Elle présente une longueur de 8 décimètres, sur une largeur de 38 centimètres, et sur une hauteur de 30.

Fig. 3. *Ruche en liége.* On emploie le liége pour faire des ruches dans tous les cantons de l'Espagne où cet arbre est commun. Après avoir pris un cylindre formé par son écorce, on couvre l'ouverture supérieure avec une plaque de liége, et on la fixe avec des chevilles de bois. On ouvre un petit trou dans la partie inférieure, et on pose la ruche sur un plateau de pierre. Le liége est une substance très-propre à garantir les mouches à miel du froid, ou d'une trop grande chaleur.

Fig. 4. *Manière de faire voyager les mouches à miel.* L'usage de faire voyager ces insectes remonte à l'antiquité la plus reculée. Les habitants de la haute Egypte disposaient des ruches sur des ba-

teaux, qu'ils faisaient descendre dans la partie basse de cette riche contrée ; les Espagnols ont conservé cet ancien usage, qui leur avait été communiqué par les Romains. On le retrouve dans quelques parties de la France, où l'on emploie pour cela des charrettes ; mais les cahots que cette manière de voyager donne aux abeilles, trouble leur tranquillité et nuit à leurs travaux. Tandis que l'allure et la démarche des ânes est douce, et ne fatigue pas ces insectes. C'est aussi pour cette raison que l'on emploie les ânes pour faire voyager les abeilles transumantes qui sont transportées chaque année de la Manche, en Espagne, dans le royaume de Valence, où elles séjournent pendant l'hiver, et retournent au printemps dans cette première contrée. On emploie les ruches de liége, dont nous venons de donner la description, comme étant plus légères. Le fond de chaque ruche est fermé par une natte de Sparte, assujettie par le moyen de quatre cordes qui se lient sur la partie supérieure de la ruche. On met, sur le dos d'un âne, dix ruches qu'on fixe avec des cordes. Un homme conduit ordinairement deux ânes ainsi chargés. Il marche la nuit, et il s'arrête au lever du soleil ; il décharge alors les ruches, les pose sur deux rangs les unes contre les autres ; il ouvre le trou par où elles doivent sortir ; et aussitôt elles se répandent dans la campagne pour butiner. Le soir elles reviennent à leurs ruches ; et, lorsqu'il commence à faire nuit, le conducteur charge ses ânes et continue sa route. Il parcourt un trajet de 7 lieues dans vingt-quatre heures.

PLANCHE II.

Fig. 1. *Ruche villageoise*. Cette ruche mérite d'être adoptée dans nos campagnes, à cause des avantages qu'elle présente pour la cueillette du miel et de la cire, sans être obligé de tuer les abeilles. Elle est représentée couverte d'un manteau de paille et d'un pot placé sur le sommet.

Fig. 2. Cette ruche se compose du corps de la ruche, du couvercle, et de la base sur laquelle elle repose. Elle est faite de cordes de paille, contournées avec des bandes d'osier. Elle a 33 centimètres de diamètre, 4 décimètres de hauteur. On met une double corde de paille aux rebords supérieur et inférieur, afin que le couvercle puisse s'unir plus exactement avec le corps de la ruche, et celui-ci poser exactement sur la table qui sert de support. On adapte, à l'ouverture supérieure de la ruche, une planche octogone, percée à son centre d'un trou de 3 centimètres. Cette planche se fixe par le moyen de clous sur le double rebord en paille du corps de la ruche. Lorsqu'on enfume les abeilles, elles se rendent dans la partie supérieure. Le corps de la ruche se lie à la partie supérieure par le moyen de deux bâtons qui traversent l'un et l'autre. On fixe dans l'intérieur deux baguettes croisées, à la distance d'un décimètre; on les retire lorsqu'on veut dépouiller la ruche. Elles servent à soutenir les rayons. Cette ruche, perfectionnée par M. Lombard, s'est répandue aux environs de Paris et dans plusieurs de nos départements, et mérite d'être adoptée généralement.

Fig. 3. *Ruche de sparte*. Ce genre de construction est adopté dans un assez grand nombre de localités en Espagne, sur-tout dans le royaume de Valence. On l'exécute en tressant, avec des brins de sparte, un cylindre qui a les dimensions d'une ruche ordinaire. On lui donne communément 25 centimètres de haut sur 36 de diamètre.

Fig. 4. *Ruches en planche de forme carrée*. Cette ruche qui se compose de quatre planches clouées les unes contre les autres, et d'un couvercle également en planches, est d'une construction facile et peu coûteuse. On en fait usage dans le département des Pyrénées-Orientales.

Fig. 5. *Ruche en bois à hausses horizontales*. J'ai vu cette ruche en Suède. Elle est composée de quatre hausses posées sur un banc, et liées ensemble par des tringles de fer qui passent dans des anneaux, et retiennent les hausses dans une position solide. Je laisse aux amateurs d'abeilles à décider quel avantage on peut retirer de ce genre de combinaison.

Fig. 6. *Ruche conique en terre*. On emploie dans quelques campagnes, aux environs de Bordeaux, de grands moules de pains à sucre, au lieu de ruches ordinaires. Ces vases en terre cuite ont 7 décimètres de haut. On les pose sur un plateau soutenu par trois pieds, après avoir formé, sur le rebord, le trou qui doit donner passage aux mouches, et on les met à l'abri de l'ardeur du soleil avec un capuchon de paille.

POISSONS, INSECTES, etc.

PLANCHE PREMIÈRE.

Fig. 1. *Épouvantail.* On l'emploie dans le canton d'Appenzel pour épouvanter les oiseaux. Il est fermé par un poteau surmonté de deux pièces de bois en croix longues de 4 d. m., à l'extrémité desquelles sont suspendues par une des cordes quatre planchettes longues de 2 d. m. Le bruit qu'elles produisent, étant agitées par le vent, épouvante les oiseaux.

Fig. 2. *Manière de prendre les mulots.* On suspend horizontalement une planche, au moyen d'une corde, et on y met des mets empoisonnés. En usage dans les jardins près Paris. On a figuré au pied de la muraille un pot qu'on enterre à fleur du sol, et dans lequel on met à moitié d'eau. Les insectes et les souris, qui ont l'habitude de courir le long des murailles, s'y laissent tomber, et ne peuvent plus sortir de ces pots, qui sont vernissés intérieurement, et dont les bords sont penchés intérieurement; ils ont 27 c. m. de diamètre et autant de profondeur.

Fig. 3. *Sac à prendre les insectes.* Ce sac est cousu autour d'un cercle de 3 d. m. de diamètre, auquel on attache un long manche. On emploie cet instrument dans le royaume de Valence pour prendre les insectes qui dévorent la luzerne. On le passe rapidement sur la surface de ces plantes.

Fig. 4. *Réservoir en pierre pour le poisson.* On construit ces réservoirs en Suisse pour conserver la provision de poisson : ils sont formés d'une seule pierre, ou d'une caisse en bois. On les recouvre d'un toit en planche, dont une portion se lève en manière de porte et se ferme à cadenas. Une partie du réservoir est couverte d'une grille de fer qui donne passage à l'air et à l'eau. Celle-ci s'échappe à l'autre extrémité à mesure qu'elle est fournie par le robinet de la fontaine placé au-dessous du réservoir.

Fig. 5. *Réservoir en poterie avec des anses.* C'est un vase percé de trous, à goulau rétréci. Il a 6 d. m. de haut, et 4 dans son plus grand diamètre. On en fait usage dans le golfe de Salerne.

Fig. 6. *Réservoir en poterie.* On le place dans l'eau, aux environs de Lyon, pour conserver le poisson. Il a 5 d. m. de hauteur sur 3 ½ d. m.

Fig. 7 et 8. *Vivier pour les huîtres.* Les viviers ou réservoirs où l'on élève les huîtres remon-

tent à une haute antiquité. Nonnius en parle en ces termes : *Ostrearium est ostrearum vivarium. Tanta autem illorum cura erat apud veteres, ut etiam vivaria illis extruxerint, ne unquàm præclara illa gulæ excitamenta deessent. (De Reb. cib., l. III, c. 37.)* Celui que nous décrivons est situé dans le lac Fusaro, à Bayes, près Naples, où il en existait du temps des Romains, ainsi que le prouve ce passage de Pline : *Ostrearum vivarium primus omnium Sergius Orata invenit in Bajano, ætate Crassi oratoris, ante Marsicum bellum, nec gulæ causa sed avaritiæ, magna vestigalia tali ex ingenio suo percipiens. (Hist. nat., l. XVIII, c. 54.)* Macrobe, *Sat.* 2. 11, dit que ce même Sergius avait aussi établi des viviers d'huîtres dans le lac Lucrin. Sestini a donné, dans son ouvrage intitulé *Illustrazione di un vas antico di vetro, trovato presso Populonia,* une gravure qui représente un vivier séparé de la mer par des pilotis, avec une maison. On y voit aussi les cannes disposées en rond, sur lesquelles les huîtres viennent déposer leurs œufs; Ce que Sestini n'a pas fait observer. On lit sous ce vase, *Stagna Palatin.;* et plus bas, *Ostrearia.*

Le vivier dont nous donnons la représentation est établi dans le lac Fucino à Bayes; lac qui communique avec la mer, et qui en reçoit ses eaux, comme on l'a indiqué dans le dessin. On a construit sur ce lac, près du rivage, une habitation pour les personnes qui soignent les huîtres, et qui les vendent aux marchands de Naples, ou a ceux qui veulent les manger sur les lieux. On voit, à côté de la maison, un parc ou réservoir d'huîtres formé par des pieux, et surmonté d'un toit. Il communique avec la maison au moyen d'un pont. Les cercles désignés dans le lac sont des roseaux plantés circulairement, dont le sommet paraît au-dessus des eaux. On a figuré ces cercles de roseaux au coin du dessin, sous la lettre A. Le frai des huîtres s'y attache; ces animaux y croissent et y parviennent à l'état de grosseur où ils peuvent servir d'aliment. Les gardiens du vivier visitent successivement ces différens cercles; ils arrachent, l'un après l'autre, du fond de l'eau les roseaux dont ils se composent, ils les examinent, et en détachent les

huîtres qui sont assez grosses. Deux années suf-
fisent pour qu'elles parviennent à une dimen-
ordinaire. Ils les mettent ensuite dans de grands
paniers qu'ils disposent dans le parc, d'où ils
les retirent lorsqu'ils en ont besoin pour la vente.

Ce genre d'industrie, imaginé par les anciens
Romains, et pratiqué assez imparfaitement par
leurs descendans, pourrait être imité avec avantage sur nos côtes, dans les localités qui se prê-
teraient à une disposition analogue.

FIN DU PREMIER VOLUME.

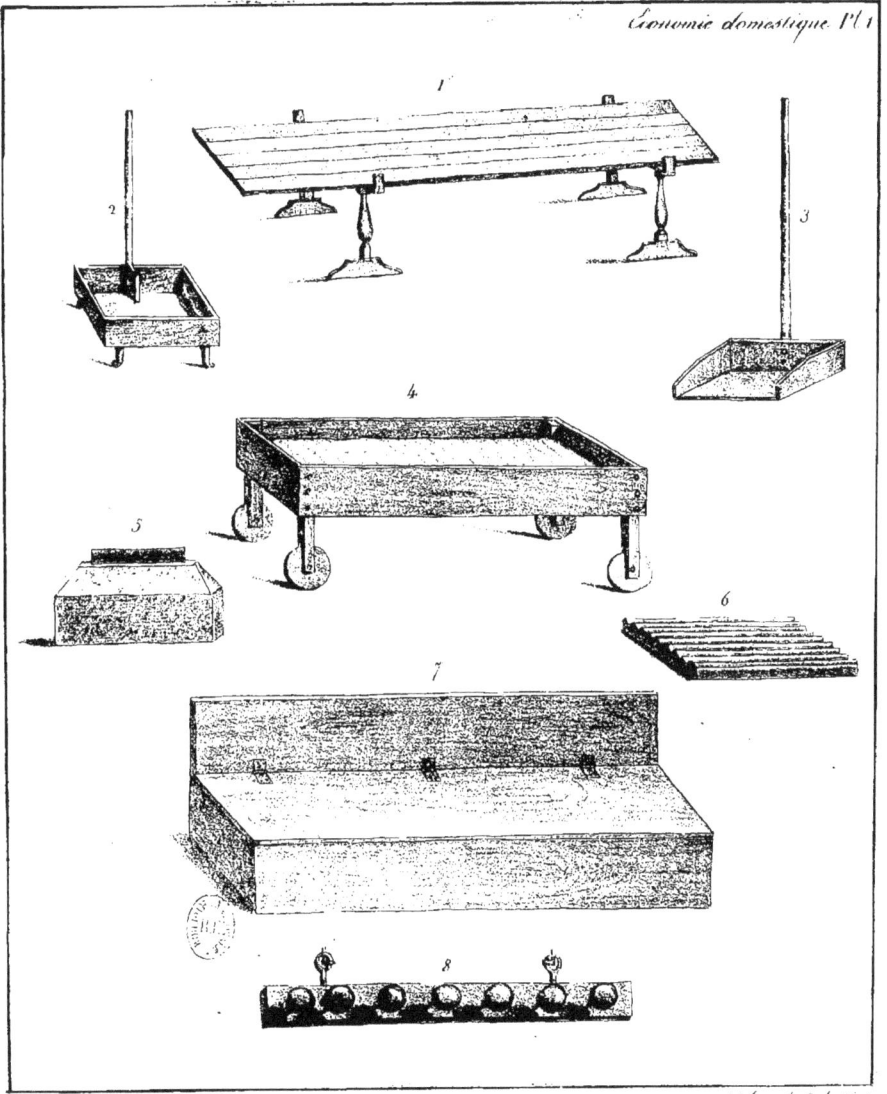

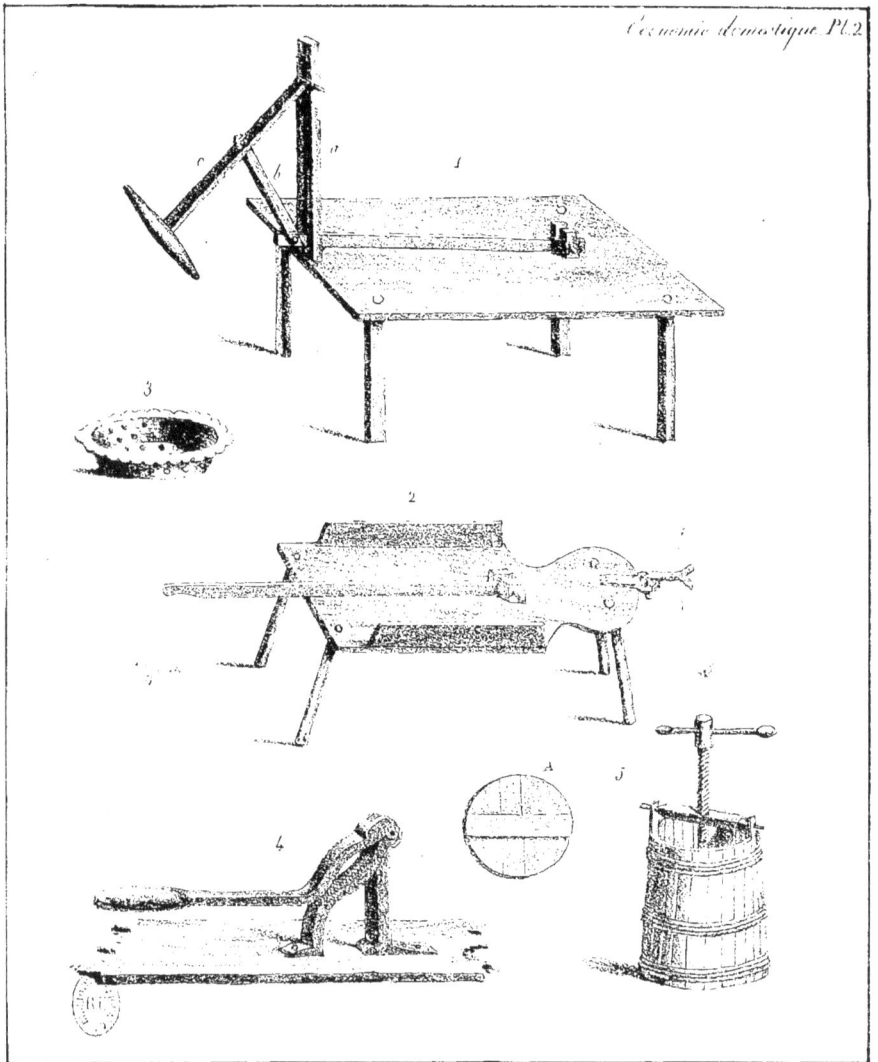

ÉCONOMIE DOMESTIQUE.

PLANCHE PREMIÈRE.

Fig. 1. *Lit à l'espagnole* ou *à tréteaux*. On fait usage dans presque toute l'Espagne de ce bois de lit, qui consiste en deux tréteaux, sur lesquels on pose des planches détachées, et on étend sur ce plancher un ou plusieurs matelas. Les tréteaux ont 46 d. m. de hauteur et 1 m. 1 d. m. de largeur. Leurs pieds ont une longueur de 32 c. m. sur une largeur de 6 c. m. Les planches, au nombre de six, sont larges de 18 c. m. On adapte une petite languette ou rebord en bois à l'extrémité des tréteaux, pour empêcher que les planches ne tombent. Ce genre de lit simple et peu dispendieux, a l'avantage de pouvoir être facilement préservé des punaises. Il serait à désirer qu'il fût adopté par les habitans de nos campagnes.

Fig. 2. *Crachoir*. La propreté qui règne en Hollande ne permet pas qu'on crache sur les parquets. On a des crachoirs portatifs dans lesquels on met du sable. On les fait avec une boîte supportée par quatre pieds. Une pièce de bois, longue de 6 d. m., clouée en dedans sur l'un des côtés, sert à les prendre et à les transporter. Les côtés ont 4 ou 5 d. m. de longueur.

Fig. 3. *Ramasse pour les ordures*. C'est un instrument de ménage très-commode, et en usage dans tout le nord de l'Europe. Il sert à ramasser les balayures des appartemens et autres immondices des maisons, et à les transporter facilement dans les lieux destinés à cet usage. Il est composé d'un plateau de bois bordé de trois planchettes, avec un manche cloué sur le rebord du fond. On pousse avec un balai les ordures sur la ramasse, et on les transporte sans les répandre. Cet ustensile serait utile dans nos ménages, et surtout dans les campagnes.

Fig. 4. *Lit en caisse*. Il se trouve dans quelques parties de la France et dans la Lombardie. Il a 2 m. de long sur 7 d. m. de large. Ses rebords sont élevés de 3 d. m., et ses quatre pieds de 3 d. m. Les roulettes ont 25 c. m. de diamètre.

Fig. 5. *Décrottoire*. C'est une pierre de taille, formée angulairement dans sa partie supérieure, avec une lame de fer fixée à son sommet. On en fait usage en Italie.

Fig. 6. *Décrottoire en arêtes*. On met ces décrottoires à l'entrée des appartemens dans quelques lieux de la Suisse. Elles sont faites avec une planche épaisse et taillée en arêtes, et ont l'avantage d'être moins coûteuses, et de durer plus long-temps que les nattes de paille.

Fig. 7. *Lit en forme de banc*. Les habitans des campagnes, dans le Danemarck, la Suède et la Norwége, ont l'habitude de coucher dans ces lits, qui, le jour, servent de bancs. Ils sont composés d'un coffre avec un couvercle à charnière qui s'appuie, pendant la nuit, contre le dossier du banc. On met dans l'intérieur un matelas, sur lequel on dort.

Fig. 8. *Porte-manteau mobile*. Il est fait comme un porte-manteau ordinaire, à l'exception qu'il a deux anneaux, avec lesquels il s'attache à deux crochets fixés dans une muraille. Il a 17 d. m. sur 23 c. m. Il est commode, en ce qu'il peut être facilement changé de place.

PLANCHE II.

Fig. 1. *Pétrissoir à double levier*. C'est une table portée par quatre pieds, sur laquelle on pétrit la pâte en haussant et en baissant alternativement la portion du levier C, par le moyen de la poignée adaptée à son extrémité. L'autre partie du levier qui est fixé sur la table par l'un de ses bouts, est contenue dans son action par deux montans *a*, et va se rattacher par la pièce de bois *b* à la pièce *c*. Toutes ces pièces jouent autour des chevilles qui les réunissent, de manière à faciliter le travail de l'ouvrier. On en fait usage dans le Boulonnais pour pétrir la pâte du pain. On la nomme *gramola*.

Fig. 2. *Pétrissoir à simple levier.* Sa table s'appuie contre une muraille, par le moyen d'un crampon. Elle a 13 d. m. de long. Les pieds sur lesquels elle porte sont élevés de 34 c. m. Elle n'a qu'un simple levier, long de 20 d. m. sur une largeur de 8 c. m. et une épaisseur de 6 c. m. Les Italiens en font usage pour les macaronis.

Fig. 3. *Passoire en terre.* C'est un vase en terre, à rebord et percé de trous, à travers desquels s'écoule l'eau des légumes qu'on jette dans la passoire après les avoir fait cuire.

Fig. 4. *Mâchoire pour comprimer les bouchons.* Cet instrument est employé par M. Apers pour ramollir les bouchons des bouteilles et des bocaux dans lesquels on veut conserver des substances alimentaires. Ces bouchons entrent ainsi plus facilement, et bouchent mieux. L'intérieur de la mâchoire est taillé en lime.

Fig. 5. *Tonneau à presse.* Usité dans le canton de Berne pour la salaison des viandes. Lorsque la viande est salée et arrangée dans le tonneau, on la couvre avec la rondelle A, qui a 28 c. m. de diamètre, et sur laquelle agit la pression de la vis. Le tonneau a 41 c. m. de haut, 34 de diamètre à sa base et 29 à son orifice. Ce petit appareil facilite les salaisons.

PLANCHE III.

Fig. 1. *Étuve.* Cette étuve, qui sert dans l'office à faire les confitures, et à d'autres usages du même genre, consiste dans une armoire garnie de tablettes, sur lesquelles on met les préparations, ou les objets qu'on veut faire sécher dans un court espace de temps. Le fond est percé d'une ouverture sous laquelle on met une bassine A, remplie de charbon allumé. On perce deux trous sur les côtés de l'étuve, dans la partie supérieure, afin de donner une issue à l'air humide produit par l'évaporation.

Fig. 2. *Réchaud en grès.* On creuse et on taille des morceaux de grès en Toscane, et on en forme des réchauds pour les usages de la cuisine.

Fig. 3. *Réchaud d'argile.* Les paysans des environs de Valence font, pour leur usage, des réchauds très-économiques. Ils recouvrent d'argile des fonds de pots cassés, en formant à la partie supérieure trois divisions qui servent à soutenir le vase qu'on veut mettre chauffer.

Fig. 4. *Couloire en toile.* Elle peut être utile pour diverses opérations de ménage, pour les confitures, pour l'extraction des sucs, etc.

Fig. 5. *Pot pour cuire à l'étouffée.* On l'emploie dans les ménages de Bordeaux. Sa forme est avantageuse, en ce que les bords du pot étant élevés et surmontés d'un couvercle qui descend bien plus bas que ces bords, la vapeur, ne pouvant sortir que difficilement, se concentre, et opère plus facilement la cuisson. L'arum de la viande se conserve mieux.

Fig. 6. *Billot pour hacher la viande.* Il porte, sur les trois côtés, des rebords en planches, qui contiennent la viande lorsqu'on la hache. Usité en Lombardie.

Fig. 7. *Marmite pour faire cuire à la vapeur.* Le vase A a un fond percé et supporté par trois pieds. Son rebord est garni de deux anses, qui servent à le mettre dans la marmite A. On la remplit, dans cet état, avec des racines ou des légumes quelconques, après y avoir mis la quantité d'eau nécessaire, sans cependant qu'elle touche le fond du réceptacle. On ferme ensuite la marmite avec le couvercle C.

Fig. 8. *Gril à deux battans.* Il est construit avec deux cadres de fer, réunis par deux charnières et garnis d'un treillis en fil de fer. C'est sur une des parties de ce gril qu'on pose la viande, en rabattant l'autre partie. On retourne le tout ensemble lorsqu'on veut faire cuire l'autre côté de la viande. Chaque portion du gril est munie, à cet effet, de quatre petits pieds destinés à la soutenir. Usité en Savoie.

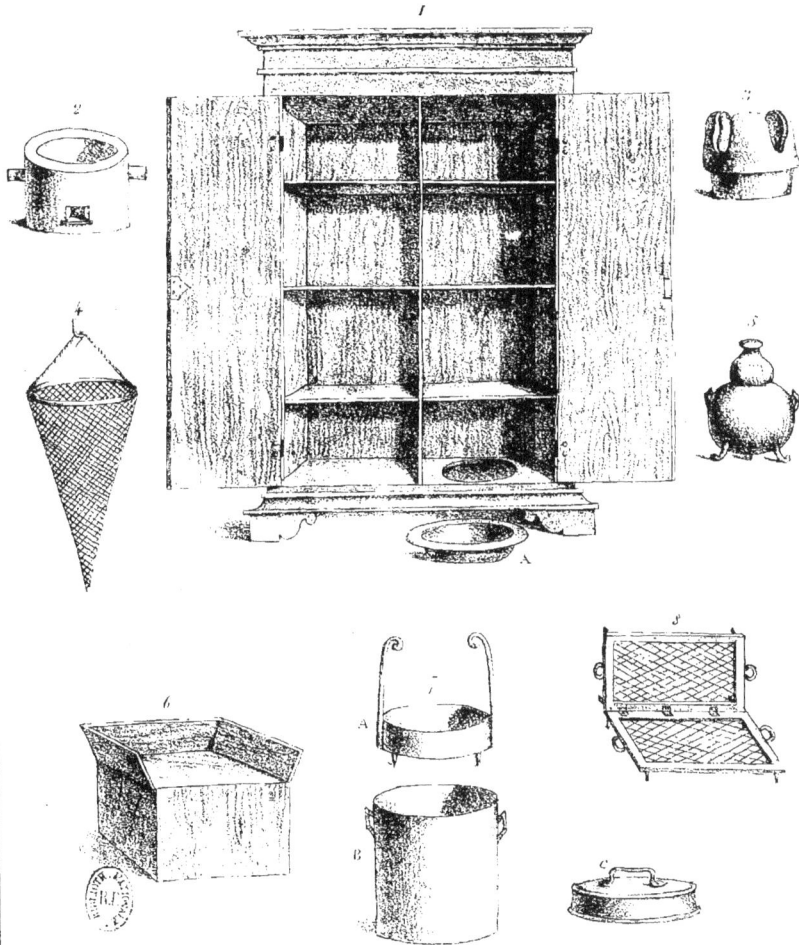

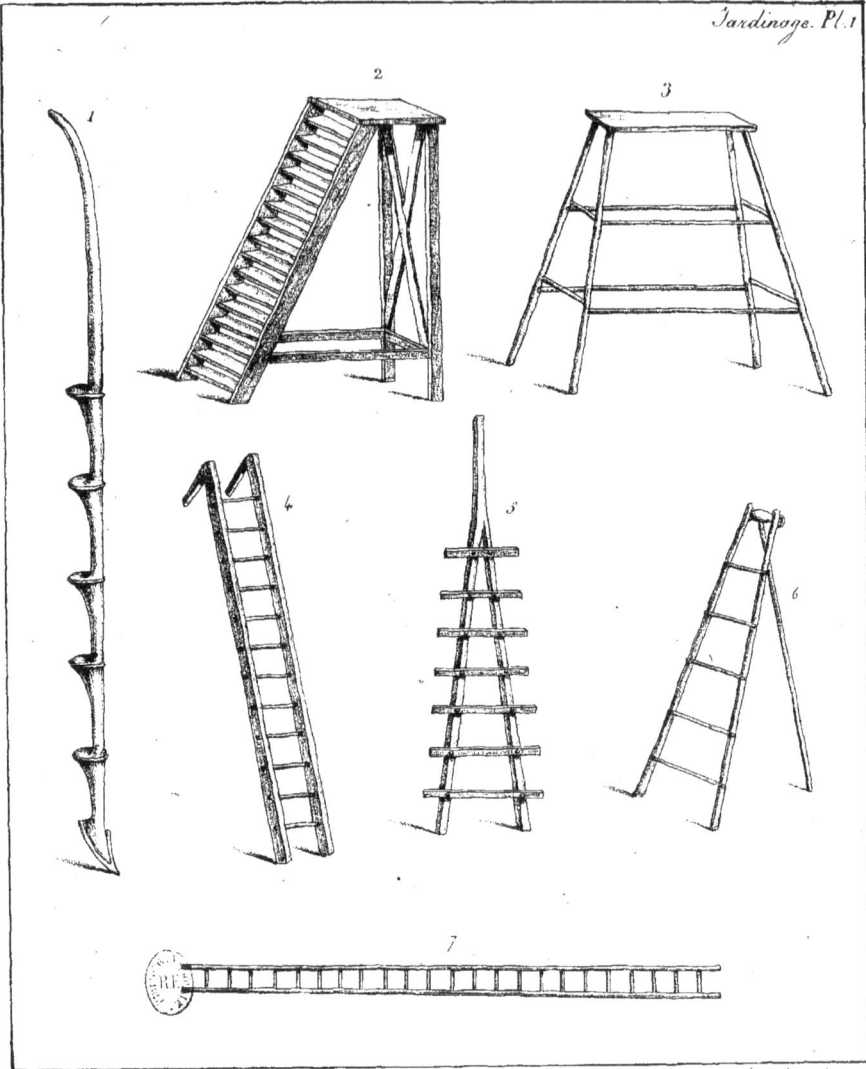

Lithog. de C. de Last.

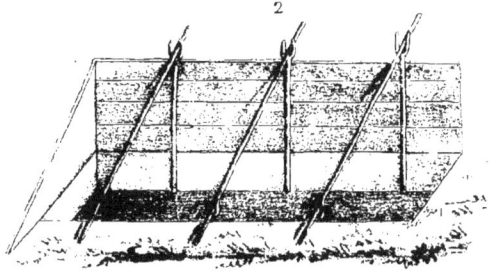

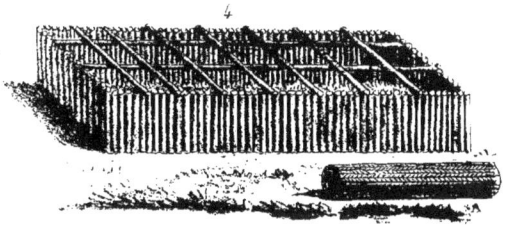

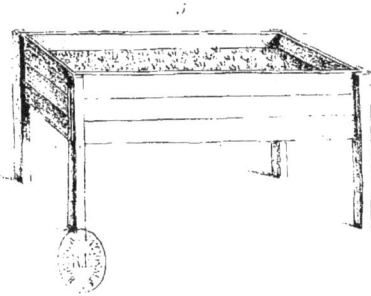

Lith. de C. de Last

JARDINAGE.

PLANCHE PREMIÈRE.

Fig. 1. *Echelle à marchepied.* On l'emploie, dans les Landes de Bordeaux, pour monter aux arbres dont on veut extraire la résine. Elle peut trouver une application utile dans l'économie rurale. Elle est très-légère, et se transporte facilement. On pique dans la terre sa pointe, qui est armée d'un fer, et on appuie contre l'arbre la partie convexe de l'autre extrémité. On la forme avec une pièce de bois que l'on amincit, en conservant les parties qui doivent servir de marchepied. On les entoure avec un fil d'archal, lorsque le bois a des fibres peu tenaces.

Fig. 2. *Échelle à gradins et à reposoir.* Sa hauteur est de 2 m. ½ ; le reposoir a 6 d. m. sur 8.

Fig. 3. *Échelle à reposoir pour cueillir les feuilles des arbres.* Elle est en usage dans le royaume de Valence pour la récolte des feuilles de mûrier. Elle a quatre montans, longs de 17 à 18 d. m., écartés, à leur base, de 13 d. m. d'un côté et de 8 ½ sur l'autre côté. Ces montans sont liés par des traverses qui servent d'échelons. Le reposoir a 2 d. m. de large sur 7 de long.

Fig. 4. *Échelle à crochet.* Elle a deux chevilles à sa partie supérieure, qui servent à l'accrocher aux branches. Elle est aussi employée pour monter contre les murailles des espaliers, sans endommager les arbres ni les fruits ; mais, dans ce cas, les chevilles sont posées à angle droit.

Fig. 5. *Échelle pyramidale.* En usage en Toscane pour cueillir les feuilles des mûriers, et les raisins des ceps qui grimpent sur les arbres.

Fig. 6. *Échelle à support.* Elle est soutenue par une perche fixée sur une pièce de bois qui tourne à volonté, et facilite l'écartement de la perche. Elle est très-commode dans le jardinage.

Fig. 7. *Échelle ordinaire, longue, légère.* On en fait usage dans la vallée de Montmorency pour cueillir les fruits. Elle est faite de perches très-minces, longues de 60 d. m., écartées de 16 c. m. par le bas et de 14 par le haut.

PLANCHE II.

Fig. 1. *Tonneau pour faire croître la salade.* On en fait usage dans les voyages maritimes. On le remplit alternativement d'une couche de sable et d'un lit de racines de chicorée, ayant soin que le collet des racines soit placé à l'ouverture des trous : celles-ci poussent des feuilles qui donnent une salade connue sous le nom vulgaire de *barbe de capucin.* On peut faire trois coupes dans quarante jours. Les diamètres des trous, ainsi que leur distance respective, sont de 7 c. m.

Fig. 2. *Bache économique.* Pour construire ces baches, dont on fait usage en Espagne pour avoir des primeurs, il faut creuser en terre un trou dont on revêt les côtés en maçonnerie. On plante dans la bache, du côté du nord, un rang de pieux fourchus à leur extrémité, et d'une certaine longueur : on établit à fleur de terre, du côté opposé, un égal nombre de piquets fourchus, et l'on place, d'une fourche à l'autre, des lattes qui, se trouvant inclinées, servent à soutenir les paillassons, dont on se sert pour couvrir la bache pendant la nuit, ou lorsque le temps est à la gelée. La partie située du côté du nord, ainsi que les deux extrémités, sont garnies de planches ou de paillassons. On peut construire ces baches à peu de frais.

Fig. 3. *Couches en briques.* On fait, dans le royaume de Valence, des couches avec des briques, qui forment des carrés dans lesquels on met du fumier, et où l'on sème les graines des plantes que l'on destine à la transplantation. La coupe est indiquée par la lett. A.

Fig. 4. *Couches en cannes.* Elles sont en usage à Gandia, dans le royaume de Valence. On plante en terre des roseaux les uns contre les autres; on en forme un carré long, dans lequel on sème les graines des plantes qu'on veut transplanter. On les recouvre de paillassons pareils à celui qu'on a représenté au-devant de la couche.

Fig. 5. *Couche portative.* C'est une caisse soutenue par quatre pieds, qu'on place à l'exposition du midi, et qu'on peut rentrer dans des étables pour lui procurer de la chaleur. On en fait usage dans le canton de Glaris et dans la Suède, pour se procurer des plants hâtifs.

Fig. 6. *Ados pour les primeurs.* Les jardiniers des environs de Florence forment des ados inclinés de 40 degrés, et exposés aux rayons du soleil, soit vers le midi, soit vers l'orient. Ils plantent sur le sommet de l'ados une haie, ordinairement en sureau, afin d'abriter les jeunes plantes contre le froid et les vents. Ils se procurent ainsi des primeurs sans aucun frais.

PLANCHE III.

Fig. 1. *Paniers pour garantir les arbres.* Ces paniers, qui n'ont point de fond, sont construits avec des cannes, et ont 12 d. m. de haut sur 2 d. m. de diamètre. On les enfonce en terre, après y avoir fait entrer les jeunes arbres qu'on veut garantir contre les bestiaux. On en fait usage en Catalogne.

Fig. 2. *Pieux placés triangulairement pour conserver les arbres.* On les réunit à leur sommet par trois planchettes. Canton de Glaris.

Fig. 3. *Doubles pieux pour préserver les arbres.* On les réunit par deux traverses. Se voit dans le canton d'Appenzel.

Fig. 4. *Pommette pour cueillir les fruits, à six branches.* Elle se compose de six branches de fer fixées par une gouge à une perche de 2 ou 3 m. de long. On saisit avec la pommette le fruit dont on a fait passer la queue entre les branches, et on le détache en tournant un peu l'instrument. On s'en sert dans le royaume de Valence pour cueillir les oranges.

Fig. 5. *Griffes à tige pour grimper sur les arbres.* Ce sont des étriers A, bifurqués, à leur extrémité, en forme de griffes, et ayant une tige qui s'attache à la jambe. On pose les pieds entre la griffe et la tige, et l'on fait entrer au sommet de celle-ci une courroie double qu'on attache à la jambe. Ayant ainsi une griffe à chaque jambe, on grimpe avec une grande facilité au sommet des arbres les plus élevés, sans aucun danger. La tige a 24 c. m. de long, à prendre de la coudure inférieure, et 5 c. m. de celle-ci au talus. La partie sur laquelle repose le pied en a 9. Le bout des griffes est écarté de 3 c. m. La courroie, qui porte une boucle, est longue de 45 c. m.

Fig. 6. *Griffes sans tige.* Elles ne diffèrent des précédentes qu'en ce qu'au lieu de tige elles ont des griffes sur les deux sens. On les attache aux pieds avec une corde. On fait entrer dans le tronc de l'arbre la vis de l'anneau A, pour reposer les pieds, lorsqu'on veut s'arrêter dans une partie de l'arbre.

Fig. 7. *Crochet à cueillir les fruits.* Il ne diffère du suivant que par la longueur du manche et par la forme du crochet en bois. Il est usité en Suisse pour la récolte des fruits.

Fig. 8. *Crochet à cueillir les fruits.* Il se compose d'un crochet en fer, emmanché d'une perche de 2 m., ayant à son extrémité une planchette longue de 2 d. m., garnie d'une cheville. Elle recule ou avance sur la perche sans pouvoir en sortir, à cause du bouton qui est au bout de celle-ci. Lorsqu'on est monté sur un arbre, on saisit les branches avec le crochet; on les attire à soi, et on les retient dans cet état en accrochant la planchette à une autre branche. On en fait usage dans le Valais.

Fig. 9. *Pommette en panier.* C'est un petit panier de 12 c. m. de diamètre et de 7 de hauteur, dont les bords supérieurs sont garnis de dents longues de 4 c. m. Il est armé d'une perche légère. On en fait usage dans le canton de Zurich. Il sert à cueillir toute espèce de fruits.

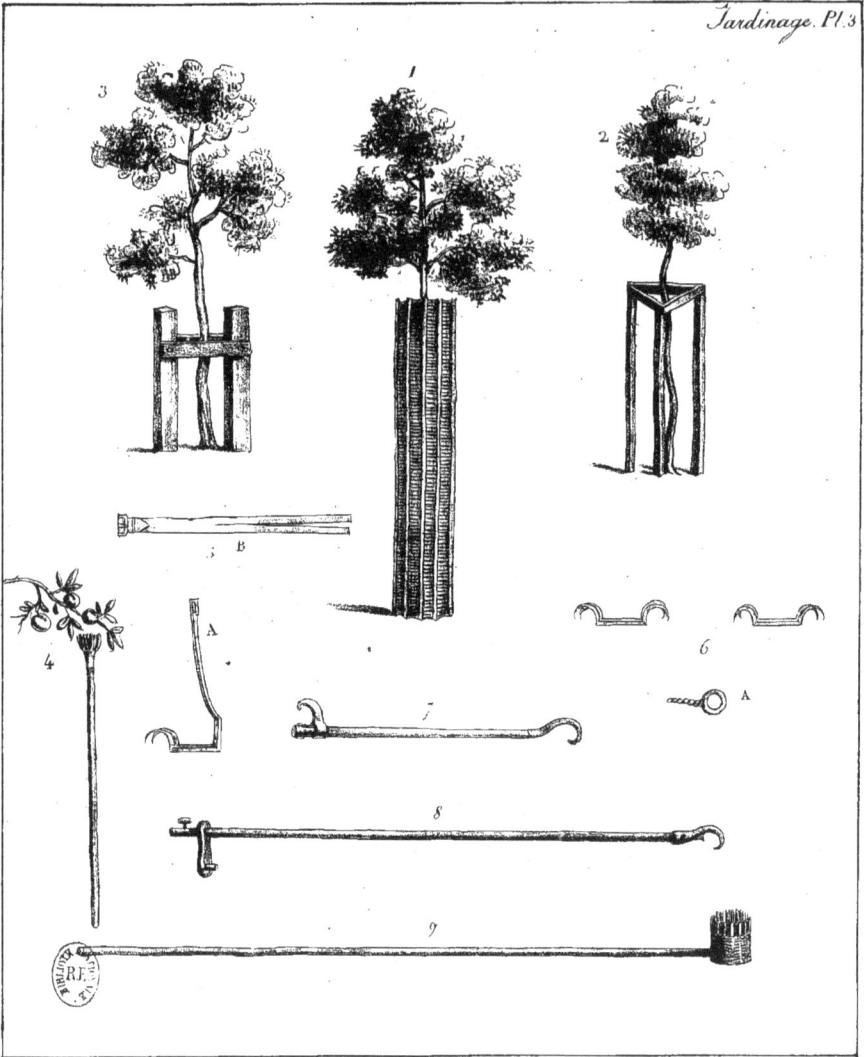

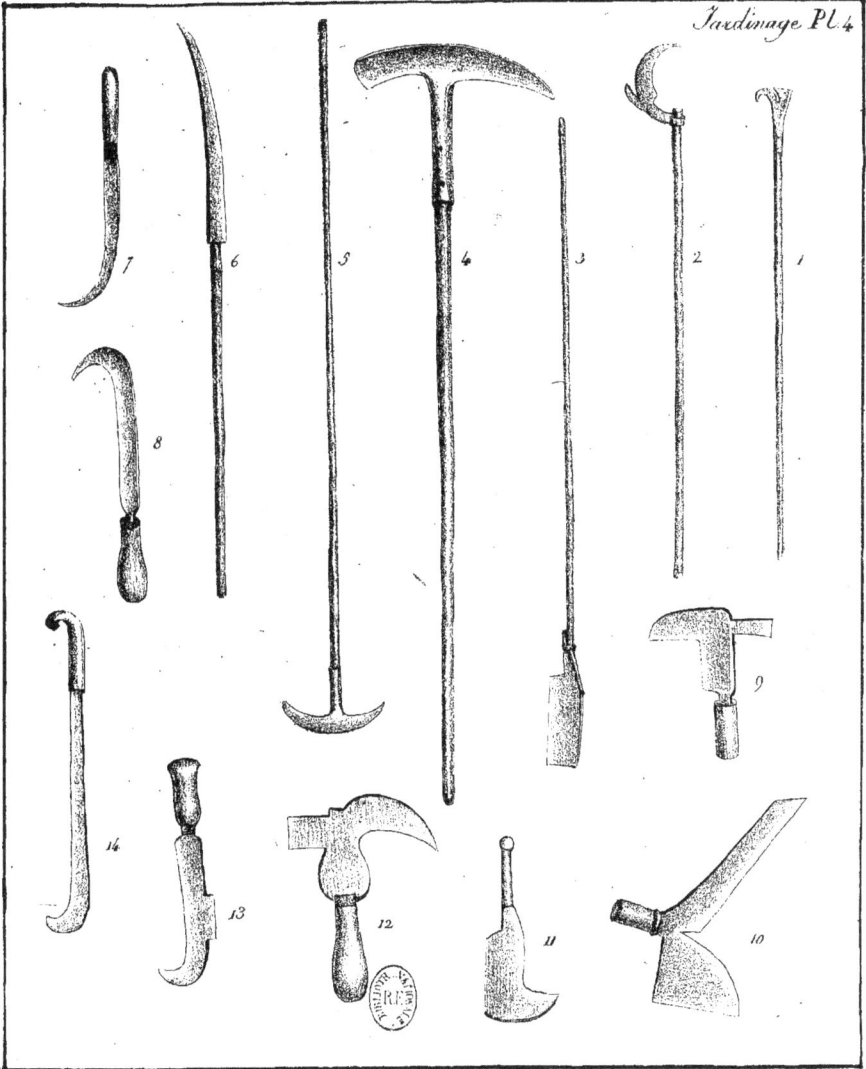

JARDINAGE.

PLANCHE IV.

Fig. 1. *Ébourgeonnoir à lame et à serpette.* Son manche, long de 16 d. m., porte un fer long de 2 d. m. jusqu'à la courbure formée par la serpette; celle-ci est de 9 c. m. mesurée circulairement. La lame tranchante dans sa partie supérieure a 5 d. m. de long. En usage aux environs de Paris.

Fig. 2. *Croissant à crochet.* Il est employé dans le département des Landes pour tailler les haies. Le crochet qui est placé sur le dos du croissant sert à ployer les branches et à les entrelacer dans les haies.

Fig. 3. *Couperet pour la taille des arbres.* Il sert en Andalousie, non-seulement pour couper les branches élevées des arbres, mais aussi les broussailles qui croissent dans les champs. Le manche, qui est fixé à la lame par le moyen d'un anneau, a 23 d. m. de long. La lame a une longueur de 24 c. m., sur une largeur de 10.

Fig. 4. *Croissant à double lame, dont l'une obtuse.* Il est formé par un fer dont la courbure est longue de 34 c. m., et dont la plus grande largeur est de 5 à 6 c. m. Le manche a 3 m. Il est employé dans le royaume de Valence.

Fig. 5. *Double croissant.* Il sert en Andalousie à la taille des arbres. Sa lame est longue de 2 d. m., et a 6 c. m. dans sa plus grande largeur. Son manche est long de 2 ½ à 3 d. m.

Fig. 6. *Sabre à tondre les arbres.* Il est usité en Hollande et dans la Belgique. On le fait agir de haut en bas, ou de bas en haut. Sa lame est longue de 7 d. m., et large de 45 ou 50 m. m. La douille est longue de 13 c. m., et le manche de 14.

Fig. 7. *Serpe à lame longue, étroite et peu recourbée.* Elle est fort en usage dans le canton de Zurich pour la taille des haies. Sa lame a 70 c. m. de long; le manche en a 36.

Fig. 8. *Serpe à lame longue et large.* Elle sert pour la taille des haies à Rome.

Fig. 9. *Serpe triangulaire à languette tran*chante. Elle est employée dans la campagne de Tarragone pour la taille de la vigne. Son fer est tranchant sur les deux côtés de l'angle intérieur, ainsi qu'à l'extrémité de la languette qu'elle porte sur le dos. Celle-ci a 8 c. m. de long. La lame, a partir du manche jusqu'au bout de la courbure extérieure, a 15 c. m., et 8 de l'angle intérieur jusqu'à la pointe.

Fig. 10. *Serpe à double lame.* Son manche a 4 c. m. de diamètre sur 1 d. m. de long. Elle est formée de deux lames, dont la plus courte a une longueur de 13 c. m., à prendre du manche au tranchant, et une largeur de 16 c. m. dans cette partie. La seconde lame a une longueur de 35 c. m., et une largeur de 4 c. m. à son extrémité, qui seule est tranchante. Cet instrument remarquable, usité à Xérès, est très-bien calculé pour la taille des vignes, dont les pieds acquièrent beaucoup de grosseur.

Fig. 11. *Serpe à double tranchant.* Elle est employée en Espagne pour la culture des mûriers. Sa lame, longue en ligne droite de 12 c. m., a 3 à 4 c. m. dans sa plus grande largeur. Elle est tranchante non-seulement dans la partie de sa courbure, mais aussi sur le dos.

Fig. 12. *Serpe à hachette.* Cet instrument, en usage dans le département du Gers pour la taille de la vigne, m'a été communiqué par M. Dareik, cultivateur distingué à Tasque, qui lui a donné le degré de perfection dont il jouit. Il serait à désirer que l'usage s'en introduisît dans nos vignobles. La lame a 12 c. m., à prendre du sommet de l'angle intérieur jusqu'à la pointe du bec, et autant de cet angle au tranchant de la hachette située au côté opposé. Celle-ci sert à couper les grosses branches ou les bois morts. La partie renflée de la lame a 8 c. m. de large. L'épaisseur du dos est de 2 m. m. Le manche est renflé vers son extrémité, ce qui donne plus de facilité pour le retenir dans la main. Il est fixé par une prolongation de la lame qui va se river à son extrémité, et par un anneau qui entre dans le corps de la lame. Cette serpe se nomme *Poudadaure* dans le pays.

Fig. 13. *Serpe oblongue à hachette.* Elle est employée en Italie pour tailler la vigne et les broussailles. Sa lame a 3 d. m. de long, 3 ; de largeur moyenne, et 6 ½ dans la partie où se trouve la hachette.

Fig. 14. *Serpe à très-longue lame.* On l'emploie en Italie pour tailler les haies et les broussailles, et même la vigne. Sa lame a 4 d. m. de long, 3 c. m. dans sa plus petite largeur, et 5 dans la plus grande ; son manche a 13 c. m.

PLANCHE V.

Fig. 1. *Serpe à tranchant sur le dos.* Elle est faite d'après les mêmes dimensions que celle de la planche précédente, n° 13. Elle est destinée à la taille des arbres élevés, et est munie, à cet effet, d'un manche long de 3 à 4 mètres.

Fig. 2. *Coin à greffer.* Il est en fer; il s'emploie dans le royaume de Valence à tenir ouvertes les fentes qu'on fait aux arbres pour les greffer. Il est long de 14 c. m. et large de 18 m. m.

Fig. 3. *Échelle double à roulettes.* Elle est employée dans les jardins d'agrément pour la taille des grands arbres. On l'établit sur des dimensions plus ou moins grandes, selon le besoin.

Fig. 4. *Greffoir à manche de fer.* La partie qui forme la lame a 17 c. m. de long, sur 2 : dans sa plus grande largeur. La poignée a 1 c. m. ½ de longueur. Royaume de Valence.

Fig. 5. *Croissant pour la taille des arbres.* Cet instrument est employé pour la taille des charmilles et autres arbres dans les jardins. Cette courbure est très-favorable à cette taille. Sa grandeur prise sur le dos de la lame est de 5 à 5 ½ d. m. Le manche a de 3 à 4 ½ mètres.

Fig. 6. *Greffoir à double équerre.* Il est usité aux environs de Valence, en Espagne. Il consiste dans une pièce de fer qui se prolonge en forme de coin tranchant à l'une de ses extrémités, et qui porte à son milieu une lame en forme de hache. On pose cette hache, ou lame, sur l'arbre qu'on veut greffer en couronne, l'on frappe au-dessus avec un marteau; on ouvre la fente par le moyen de l'extrémité du greffoir taillé en biseau. Sa plus grande longueur est de 48 c. m. Il est de forme carrée à l'une de ses extrémités, où il a 17 m. m. sur chacun de ses côtés ; il diminue d'épaisseur à l'autre extrémité. La lame en forme de hache porte à son origine 45 m. m. de large, et 60 à son extrémité. Sa longueur est de 60 m. m. Cet instrument mérite d'être adopté par les jardiniers.

Fig. 7. *Large scie à main.* Quelques jardiniers l'emploient dans l'élagage des arbres, pour abattre les grosses branches. Ils la nomment *Égoine.* Sa largeur est de 12 c. m. à son extrémité, de 14 au milieu, et de 13 du côté du manche. Le manche a 14 à 15 c. m. de long.

Fig. 8. *Couperet des forestiers.* Il est employé pour marquer les arbres qui doivent être abattus. Son manche est long de 14 c. m. Sa lame de 20, sur une largeur de 11 c. m. à son milieu, et 12 à son extrémité.

Fig. 9. *Croissant à talon.* Cet instrument est composé de plusieurs parties servant à différents usages. La forme du croissant est telle, que l'ouvrier peut abattre des branches d'arbre non-seulement de bas en haut, mais aussi de haut en bas. Il porte une douille dans laquelle se visse un manche A ; on peut adapter également à celui-ci un fer tranchant B de 6 à 7 c. m. en carré ; une scie C, et une pince D. Le fer sert à couper les branches dans les parties de l'arbre où le croissant ne peut agir : la scie, longue de 25 c. m. et large de 3, sert dans certains cas à abattre les branches : la pince, composée de deux branches qui se serrent en faisant couler un anneau, sert à saisir des mèches de soufre enflammé qu'on emploie pour détruire les chenilles. Le croissant forme un arc dont la corde a 37 c. m. Sa plus grande largeur est de 6 c. m. La longueur du talon est de 1 d. m., et celle de la douille de 13 c. m.

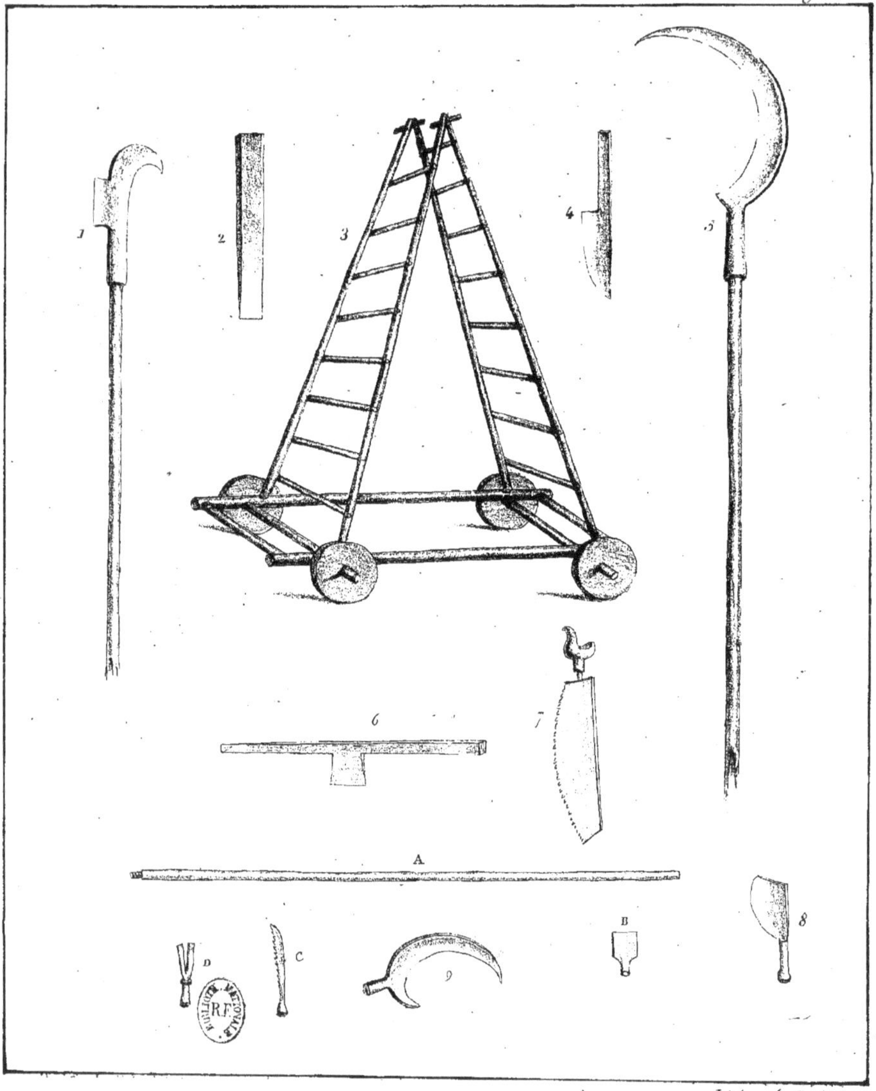

Lithog. de C. de Last.

TABLE ou ORDRE

DANS LEQUEL DOIVENT ÊTRE ARRANGÉES LES PLANCHES ET LES FEUILLES DE TEXTE DE CE PREMIER VOLUME.

FIN DE LA TABLE DU PREMIER VOLUME.

www.ingramcontent.com/pod-product-compliance
Lightning Source LLC
Chambersburg PA
CBHW060545210326
41519CB00014B/3347